动物观赏历

农历辛丑年
2021

中国林业出版社
·北京·

四时韵致

杭州动物园 ◎ 编

January

一	二	三	四	五	六	日
				1	2	3
				元旦	十九	二十
4	5	6	7	8	9	10
廿一	小寒	廿三	廿四	廿五	廿六	廿七
11	12	13	14	15	16	17
廿八	廿九	腊月	初二	初三	初四	初五
18	19	20	21	22	23	24
初六	初七	大寒	初九	初十	十一	十二
25	26	27	28	29	30	31
十三	十四	十五	十六	十七	十八	十九

February

一	二	三	四	五	六	日
1	2	3	4	5	6	7
二十	廿一	立春	小年	廿四	廿五	廿六
8	9	10	11	12	13	14
廿七	廿八	廿九	除夕	春节	初二	初三
15	16	17	18	19	20	21
初四	初五	初六	初七	初八	初九	初十
22	23	24	25	26	27	28
十一	十二	十三	十四	元宵	十六	十七

March

一	二	三	四	五	六	日
1	2	3	4	5	6	7
十八	十九	廿十	廿一	惊蛰	廿三	廿四
8	9	10	11	12	13	14
妇女节	廿六	廿七	廿八	植树节	二月	初二
15	16	17	18	19	20	21
初三	初四	初五	初六	初七	春分	初九
22	23	24	25	26	27	28
初十	十一	十二	十三	十四	十五	十六
29	30	31				
十七	十八	十九				

April

一	二	三	四	五	六	日
			1	2	3	4
			二十	廿一	廿二	清明
5	6	7	8	9	10	11
廿四	廿五	廿六	廿七	廿八	廿九	三十
12	13	14	15	16	17	18
三月	初二	初三	初四	初五	初六	初七
19	20	21	22	23	24	25
初八	谷雨	初十	十一	十二	十三	十四
26	27	28	29	30		
十五	十六	十七	十八	十九		

May

一	二	三	四	五	六	日
31					1	2
二十					劳动节	廿一
3	4	5	6	7	8	9
廿二	青年节	立夏	廿五	廿六	廿七	廿八
10	11	12	13	14	15	16
廿九	三十	四月	初二	初三	初四	初五
17	18	19	20	21	22	23
初六	初七	初八	初九	小满	十一	十二
24	25	26	27	28	29	30
十三	十四	十五	十六	十七	十八	十九

June

一	二	三	四	五	六	日
	1	2	3	4	5	6
	儿童节	廿二	廿三	廿四	芒种	廿六
7	8	9	10	11	12	13
廿七	廿八	廿九	五月	初二	初三	初四
14	15	16	17	18	19	20
端午节	初六	初七	初八	初九	初十	十一
21	22	23	24	25	26	27
夏至	十三	十四	十五	十六	十七	十八
28	29	30				
十九	二十	廿一				

July

一	二	三	四	五	六	日
			1 建党节	2 廿三	3 廿四	4 廿五
5 廿六	6 廿七	7 小暑	8 廿九	9 三十	10 六月	11 初二
12 初三	13 初四	14 初五	15 初六	16 初七	17 初八	18 初九
19 初十	20 十一	21 十fg	22 大暑	23 十四	24 十五	25 十六
26 十七	27 十八	28 十九	29 二十	30 廿一	31 廿二	

August

一	二	三	四	五	六	日
30 廿三	31 廿四					1 建军节
2 廿四	3 廿五	4 廿六	5 廿七	6 廿八	7 立秋	8 七月
9 初二	10 初三	11 初四	12 初五	13 初六	14 初七	15 初八
16 初九	17 初十	18 十一	19 十二	20 十三	21 十四	22 十五
23 十六	24 十七	25 十八	26 十九	27 二十	28 廿一	29 廿二

September

一	二	三	四	五	六	日
	1 廿五	2 廿六	3 廿七	4 廿八	5 廿九	
6 三十	7 八月	8 初二	9 初三	10 教师节	11 初五	12 初六
13 初七	14 初八	15 初九	16 初十	17 十一	18 十二	19 十三
20 十四	21 中秋节	22 十六	23 秋分	24 十八	25 十九	26 二十
27 廿一	28 廿二	29 廿三	30 廿四			

October

一	二	三	四	五	六	日
			1 国庆节	2 廿六	3 廿七	
4 廿八	5 廿九	6 九月	7 初二	8 寒露	9 初四	10 初五
11 初六	12 初七	13 初八	14 初九	15 重阳节	16 十一	17 十二
18 十三	19 十四	20 十五	21 十六	22 十七	23 霜降	24 十九
25 二十	26 廿一	27 廿二	28 廿三	29 廿四	30 廿五	31 廿六

November

一	二	三	四	五	六	日
1 廿七	2 廿八	3 廿九	4 三十	5 十月	6 初二	7 立冬
8 初四	9 初五	10 初六	11 初七	12 初八	13 初九	14 初十
15 十一	16 十二	17 十三	18 十四	19 十五	20 十六	21 十七
22 小雪	23 十九	24 二十	25 廿一	26 廿二	27 廿三	28 廿四
29 廿五	30 廿六					

December

一	二	三	四	五	六	日
	1 廿七	2 廿八	3 廿九	4 冬月	5 初二	
6 初三	7 大雪	8 初五	9 初六	10 初七	11 初八	12 初九
13 初十	14 十一	15 十二	16 十三	17 十四	18 十五	19 十六
20 十七	21 冬至	22 十九	23 二十	24 廿一	25 圣诞节	26 廿三
27 廿四	28 廿五	29 廿六	30 廿七	31 廿八		

前言

万物生长靠太阳，在动物园里你可以真真切切地感受到，动植物随着四季变幻着色彩与模式，动物们依着本能的直觉适应自然，很多动物会在春暖花开的春季繁衍生息，在食物丰盛的夏季产崽抚育，在丰收的秋季贴秋膘，在萧瑟冬季节约能量度过寒冬。

从对动物的四季观察中照见生命的灵动光彩，而对自然万物的观察古已有之，我们的祖先就从自然万物的观察中获得智慧用以指导生产生活，并由此形成了历经几千年传统的二十四节气，根据太阳在黄道（即地球绕太阳公转的轨道）上的位置来划分，是古人长期观测自然物候和气候变化，并经时间沉淀的智慧结晶，是中国人诗意栖居的创造，并被列入非物质文化遗产予以保护。

在都市忙碌的今天，杭州动物园不仅推出二十四节气自然体验活动，引导孩子们关注自然的纤毫变化，感受每一种生命

的美丽曼妙,体会大自然的智慧神奇,并学会从身边点滴做起与大自然和谐共处。在亲近自然时回归传统,在民族文化的根上汲取营养茁壮成长。同时杭州动物园专门组织专业技术人员撰写动物在四季中的行为与变化,基于节气的物候观测能让孩子们在游园时学会观察动物,并与杭州景江书画院合作由孩子们观察并用画笔呈现四时动物之美,编辑而成《动物观赏历2021》,此书出版获得了杭州西湖风景名胜区立项的"基于节气的生态文化教育项目的开发"经费支持。

人行天地间,感受万物之灵;花开花落,燕去又归来,一切随岁月流转,依自然而动,这是属于中国人的田园牧歌,是中国人道法自然的文化基因。从古时的天人合一到如今生命共同体理念的提出,一脉而成。

愿每一个孩子在自然的怀抱中以自然为师,感天地四时之大美,茁壮成长!

使用指南

本书以二十四节气为全书脉络,通过记录杭州动物园内动植物在二十四节气中的变化情况,引导孩子们在每一日中学会观察自然。

立春 — 雨水 — 惊蛰 — 春分 — 清明 — 谷雨

立夏 — 小满 — 芒种 — 夏至 — 小暑 — 大暑

一月小寒接大寒
二月立春雨水连
惊蛰春分在三月
清明谷雨四月天

五月立夏和小满
六月芒种夏至连
七月大暑和小暑
立秋处暑八月间

立秋

处暑

白露

秋分

寒露

霜降

九月白露接秋分

寒露霜降十月全

立冬小雪十一月

立冬

小雪

大雪

冬至

小寒

大寒

大雪冬至迎新年

抓紧季节忙生产

种收及时保丰年

Friday, January 1, 2021

星期五

农历庚子年·冬月十八

一月

1

元旦

 观察之我见

今日是元旦,即公历的1月1日,是世界多数国家通称的"新年"。元,谓"始",凡数之始称为"元";旦,谓"日";"元旦"意即"初始之日"。在这"初始之日"祈愿每个人都能意识到保护动物、守护环境的重要性并积极行动。

游客来到动物园,需求是多方面的,有的是猎奇,有的是陪伴家人游玩,有的是学习科普知识。当然最主要的,游客来到动物园的第一需求是欣赏自然生动的动物,但由于动物习性、展区布局等使人和动物的需求以矛盾的形式存在,一方面游客希望看到自然生动的动物,另一方面,很多野生动物天性机警,越少的人为干扰越好。如何有效解决这一矛盾,使动物能展现更多自然行为,游客又能欣赏动物自然生动的模样?目前的尝试是,一方面加大对游客文明游览的教育,减少拍玻璃、乱投喂等现象;其次,做大量动物行为丰富化、行为训练与讲解展示等工作,力争做到每一个展区均可见到丰容。

马宇晴

一月

2

Saturday, January 2, 2021

星期六

农历庚子年·冬月十九

 观察之我见

邱予诺

何谓丰容?

简单来说,就是给迁地保护的动物营造一个良好的生活环境,让动物的行为尽可能地接近其在野外的自然行为,减少其不适,保持健康。丰容主要包括环境丰容,在笼舍内模拟野外环境,特别是提供遮蔽;感知丰容,利用食物、气味、玩具丰容,刺激动物的觅食、防御本能,提供游戏的机会和道具;社群丰容,让群居动物保持一定的群体规模。

Sunday, January 3, 2021

星期日

农历庚子年 · 冬月二十

一月
3

 观察之我见

在寒冷的冬季如何让非洲狮动起来，保育员可动足了脑筋，要知道在野外，非洲狮捕食斑马，狮群群起而攻之，但在动物园有现成的食物，你看到的往往是躺着的、懒懒的非洲狮。那么在无法提供给狮子真实斑马的条件下，我们给狮山的狮子们添加另一个新猎物——纸质斑马，黑白条纹相间的身子，长长的四肢，远看还确实有几分斑马的姿色，在纸斑马体内保育员加入了些许真实的斑马粪便，狮子们隔着笼子看到保育员放置"斑马"早已蠢蠢欲动，一打开笼子母狮就飞快冲上前将其扑倒，叼着身子"爱不释手"。其实这就是丰容，通过改变环境、丰富食物、感官刺激等途径，提升动物的活动状态，展现自然的行为，园中还有不少丰容布置与设施，逛园子的时候你都发现它们有什么用处了吗？

一月
4

Monday, January 4, 2021

星期一
农历庚子年·冬月廿一

 观察之我见

冬日里观察猫科动物,它们流线型的身体线条、机敏的眼神、冷峻傲然的气度似乎与冬日的气氛极其协调。今天来认识一下美洲豹,它们因异常惊人的咬力而出名。美洲豹是猫科中唯一以袭击猎物头骨作为捕猎技巧的动物,力大及得上虎,可拖着一头牛上树及长途行走。杭州动物园的美洲豹也非常调皮,它经常把重达八十斤的饮水盆,毫不费力地搬来搬去,它很喜欢玩石头,经常用舌头舔石头,用嘴推石头,跑来跑去地玩耍。

郑煜杭

Tuesday, January 5, 2021

星期二

农历庚子年·冬月廿二

 观察之我见

今天是小寒，太阳到达黄经285度，标志着一年中最寒冷的日子开始了。

小寒的物候：一候雁北乡，二候鹊始巢，三候雉始雊。古人对大雁的观察十分细致，大雁的行为变化多次在物候中出现，在小寒时节，大雁还在南方过冬，不过它们已经感知到阴阳的变化，阳气即将回升，雁群开始准备从南方向北方迁徙，回到故乡；过五天到了第二候，古人观察到喜鹊冒着严寒开始筑巢；到了第三候的五天里，古人观察到雉鸡（俗称野鸡），察觉到阳气渐长开始通过鸣叫寻找同伴。

Wednesday, January 6, 2021

星期三

农历庚子年·冬月廿三

 观察之我见

在大象外活动场的墙上,有几个圆形的洞,有时能看到大象把鼻子伸到洞里一阵儿摸索,时不时能掏出一些水果蔬菜之类的小零食。其实这些洞是一种大象取食器,保育员会在洞后面放置一些大象的食物,锻炼它们鼻子的灵活性。我们站在墙的后面,还能近距离看到大象是怎么用鼻子"拿"东西的。

当大象嗅到食物的味道时,它们用自己灵活的鼻子穿过洞口,用鼻尖的指状突起"拿",或者用鼻子前端卷,在"抓住"食物后,从洞口抽回鼻子把食物送进嘴里吃掉。整个过程行云流水,无比流畅,看起来粗粗笨笨的鼻子却意外地灵活。

这是因为大象的鼻子里没有坚硬的骨骼,却有约15万条肌束。这些肌肉是条状的,在鼻子里分层排布,有的竖排,有的横排,有的斜排,不同位置、不同方向的肌肉共同配合,让大象的鼻子能像人手一样,完成四肢无法完成的事情。

一月
7

Thursday, January 7, 2021

星期四
农历庚子年·冬月廿四

 观察之我见

刘佳忆

  冬日里,最为惬意的莫过于让自己沐浴在阳光下,用温暖的阳光来驱散冬日的寒冷。这不,动物园里的动物们也集体晒起了"日光浴"。大家在晒台或者草坪上尽情地舒展身体,用最大的面积接收阳光,仿佛自己是一台太阳能热水器!或许大家会担心,如果是阴霾的天气,或者是到了晚上,小动物们又要怎么度过呢?请大家放心,动物园的工作人员为怕冷的动物们准备了干草搭制的床,还有油汀、太阳灯等取暖设备,让动物们能一直沐浴在暖光里,度过一个温暖舒适的冬天。

Friday, January 8, 2021

星期五

农历庚子年·冬月廿五

一月
8

 观察之我见

黑猩猩们最不喜欢的还是冬天,因为黑猩猩毛发稀疏,不耐寒。杭州的冬天气温较低,且经常下雨,黑猩猩们明显减少了外场活动,因为天气冷出去了容易感冒呀!那怕冷的黑猩猩怎么过冬呢?先来看看黑猩猩的家,整个场馆是由三个区域组成的,包括一个户外场地、内展厅和内室。外场地最大,有草地和高大的树木、栖架供猩猩攀爬,适合在天气适宜的情况下外出活动。内展厅是相对封闭的展厅,有假山、假树、栖架,当下雨或者气温过低时,黑猩猩就在这里面玩耍。内室主要是动物们夜间休息睡觉的地方,每头黑猩猩都有自己的专属房间。

Saturday, January 9, 2021

星期六

农历庚子年·冬月廿六

 观察之我见

　　黑猩猩是来自非洲的物种，非洲虽然全年温度较高，但非洲的温差也是比较大的，所以，对黑猩猩来说恒温环境并不是最佳的。黑猩猩家的布置充分考虑它们怕冷的特点，内展厅设有地暖，虽然并不是整个场地都有，但是在没有地暖的地方铺了一层树叶，在树叶上行走可以不用直接接触冰冷的地面，黑猩猩也喜欢用树叶做一个窝，在里面躺着、坐着。同时，还增加了暖风机，在暖风机附近温度较高，假山下洞穴内的温度相较外面也会暖和些，黑猩猩可以自己选择去不同温度的地方。

Sunday, January 10, 2021

星期日

农历庚子年·冬月廿七

 观察之我见

杭州的冬天总是免不了雨水相伴，连绵的冬雨让一切都笼罩了一层阴霾，仿佛一切都灰蒙蒙没有亮色，阴冷的感觉刺骨。遇上这样的日子，怕冷的细尾獴基本就躲在保暖的小屋里，很少见到它们出来眺望了，甚至连日常放哨者的身影也少有见到了。着装艳丽的金刚鹦鹉怎能舍得华丽丽的羽毛淋湿，纷纷躲到雨伞下。白鹇、蓝鹇倒是在雨中闲庭信步，蓑羽鹤和白枕鹤在水池边似乎在顾影自怜，也似乎在望着水池中滴落的雨滴发呆。同样是鸟，差别怎么就这么大呢？有的鸟雨天户外怡然自得，有的鸟却只能躲起来。这是鸟类的尾脂腺发挥了作用，尾脂腺分泌物具有较强的疏水性，这种疏水性对维持羽毛的柔韧性和防水性有重要的意义，特别是水禽。

潘子玥

《鸿雁》潘子玥画

Monday, January 11, 2021

星期一

农历庚子年·冬月廿八

观察之我见

刘皓南

如果天气寒冷，游客在外场看不到黑猩猩，那么请移步内展厅哦！因为它们躲在洞穴里，有时候会在暖风机边上，也有可能在树叶堆里。也许在很多人看来，树叶让整个地面感觉乱糟糟的，但其实黑猩猩生活的环境是在森林里，就是这种到处是树叶或者草地的环境，野外环境中其实比这更复杂。尽管有这些保温加热的设施，但对于一些体弱的个体还是要慎重考虑外放。比如，天冷时就不常能看到黑猩猩小宝宝的身影，因为黑猩猩小宝宝待在温暖如春的内室呢！内室除了两个排气扇，基本上都是封闭的，而且里面全屋地暖，另有大功率暖风机辅助加热，室内温度都是保持在15℃以上，地面还有木丝垫料，成年黑猩猩均会利用这些木丝垫料做成一个个适合自己睡觉的巢。对于幼体和体弱一些的黑猩猩来讲内室是非常理想的场所。

Tuesday, January 12, 2021

星期二

农历庚子年·冬月廿九

观察之我见

黑猩猩"金金"与"内内"都是成年的小伙子。原先和睦的兄弟关系发生了微妙的变化,有时候非常亲密,有时候又剑拔弩张,前后打闹了三次,每次都有流血事件发生。为什么和气的一家人会发生这样的摩擦呢?

潘岁画 黑猩猩

潘答

其实黑猩猩属于社群动物,具有明显的领地意识和等级观念,尤其是成年雄性。一个种群中会有多雄多雌,成年雄性担任首领,一旦出现对首领地位造成威胁的个体,便会出现不同程度的打斗。但是一般只要一方出现"投降",承认另一方的首领地位,打斗便会停止,两者和好如初。因此经常能在野外的黑猩猩身上看到一些皮外伤。原来金金和内内是因为成年了,都想争做家里的老大才会发生争斗。作为"父母"的我们都看在眼里,小摩擦尽量不插手,让它们自己解决,如果真打得厉害了,还是需要暂时分开它俩,冷静一下。但为了这个黑猩猩大家庭今后的发展,它俩终究还是要在一起相处的。

Wednesday, January 13, 2021

星期三

农历庚子年·腊月初一

观察之我见

对于动物园的一众吃货们，"节日大礼包"自然和美食脱不了干系。苹果、火龙果、梨、窝头、水煮蛋、番薯、米饭……"大礼包"根据不同动物的日常食谱，精心挑选了它们最爱的食物，搭配以麸皮、玉米粉、黄豆粉按比例调制而成的动物专属窝头，颗颗饱满、色香俱全！"惊喜"远不止此，动物的奶爸奶妈们往往亲自上阵为"大礼包"加料。猴房宝宝们的爱好可简单多啦！水果就是它们的最爱。除了平日里常见的苹果、梨、葡萄等水果，还在春节期间为长臂猿、黑帽悬猴等采购了甘蔗、猕猴桃、柚子等水果作为新春特供。这不，满满当当地装了好几个盒子哩！只有我们人类两个拳头大的松鼠猴的"大礼包"就更精致了，一大颗松塔，在缝隙中精心注入蜂蜜，佐以各色水果颗粒，层层饱满、颗颗惊喜，直叫松鼠猴欲罢不能！

Thursday, January 14, 2021

星期四

农历庚子年·腊月初二

 观察之我见

给动物们放送大礼包，这已成为过年的传统了。动物们无不享受这一美食，而且在探索的过程中玩得不亦乐乎。不多时，动物们已将"大礼包"吃的吃、玩的玩、拆的拆。原来这个大礼包还有玄机。这份"大礼包"不单单是给动物们的一份新春祝福，更是一次成功的食物丰容：将食物藏于纸盒中，引得动物们好奇探索、动手拆解，在取食的过程中释放天性，展示出更多的自然行为。而动物们在取食的过程中边玩边吃，充分享受着"生活"的乐趣。

林沈欣

Friday, January 15, 2021

星期五

农历庚子年·腊月初三

一月
15

观察之我见

在食草区有一隐蔽的山林,满目的枯枝、枯叶一派冬日萧瑟景象,偶尔看到动物的身影似乎也与环境融为一体。这里是毛冠鹿展区,国内有毛冠鹿展示的动物园并不多,大家可能对毛冠鹿家族很陌生,其实它们在浙江就有分布,属于本土动物。但它们性情机警胆子也小,也不像其他鹿科动物成群活动。在野外难得一见,即使在动物园,你也不一定找得到它们的身影,它们只在晨昏活动,其他时间都喜欢跟你玩"躲猫猫",利用它们的保护色以及周围环境隐藏自己。它们的前额有一丛硬而直立的黑色长毛,这帅气的"刘海儿"可是家族的标志,也是毛冠鹿名字的由来。

Saturday, January 16, 2021

星期六

农历庚子年·腊月初四

观察之我见

如果在北方，这个时间獾都在冬眠。而在杭州附近山上是偶有野生的鼬獾、狗獾等獾类出没的。它们可是个夜猫子，白天在巢穴里睡觉，晚上才出来觅食。当然你也别怕它夜路看不见，它本来视觉就不太好，外出主要靠嗅觉。

李睿涵

由于人类活动和环境恶化，獾类的生存条件也在不断恶化。虽然它们目前并没有达到濒危的程度，但数量也在不断变少。所以我们首先要保护好自然环境，减少对它们的打扰，尤其是不能食用和买卖野生动物。大家在野外如果不小心遇见就当是一场萍水相逢，不要过度打扰哦。

Sunday, January 17, 2021

星期日

农历庚子年·腊月初五

这样的冬日如果你漫步在茅家埠，即使有太阳的照耀，依旧能感受到丝丝寒冷。清幽的茅乡水情里，留鸟与冬候鸟同现一片乐土，林鸟和水鸟相互呼应，带来了勃勃生机。它们或欢快地飞翔于空中，或安静栖息于湖中岛屿的树林里，或在湖中捕鱼、嬉戏，呈现出一副活灵活现的百鸟图。此时，一只白骨顶独自在湖边游荡，形影相吊。白骨顶在西湖属于冬候鸟，一般在每年3月下旬开始迁往北方繁殖地，并于秋季10月中下旬时迁到南方过冬。除繁殖期外，常成群活动，特别是迁徙季节，常成数十只、甚至上百只的大群，偶见单只和小群活动，有时亦和其他鸭类混群栖息和活动。随着西湖环境的逐步改善，越来越多的水鸟选择来西湖栖息、繁殖、越冬，希望明年白骨顶不再形单影只，能够带上它的家属或同伴一道来西湖过冬。

王一雯

Monday, January 18, 2021

星期一

农历庚子年·腊月初六

 观察之我见

邢释澄

黄缘闭壳龟 邢释澄画

目前巴西龟可能是人们最熟悉的龟,也叫红耳龟,也成为对当前生态环境影响较大的龟类。它们原产于美国中部至墨西哥北部,由于它们超强的适应与繁殖能力,成为世界上饲养最广泛的龟类。起初,巴西龟因食用需要被引入中国,之后又因为巴西龟生命力顽强,饲养简单,又有较强的互动性成为在宠物市场到处可见非常畅销的宠物龟,因随意放生也导致目前自然水域中常见巴西龟。巴西龟超强的适应能力表现在,即使在温度极低的情况下依然能冬眠存活,食性杂且广泛,凶悍的抢食能力与超强的繁殖能力使它们具有得天独厚的生存优势,也抢夺了本地龟的生存空间与食物来源,造成了一些本地生物的危机。这也让我们思考外来物种入侵带来的生态危机。

Tuesday, January 19, 2021

星期二
农历庚子年·腊月初七

观察之我见

年底了,在动物园里生活的野生动物们又长了一岁,这一年它们过得好不好呢?身体健康吗?是时候给它们做一次体检啦!给动物们体检都有哪些项目呢?俗话说民以食为天,动物们也一样,首先要看看它们最近食欲好不好,便便正不正常,体重有没有变化。比较配合的动物比如小熊猫,可以听着保育员的口令自己站到秤上称体重,这样就可以知道它们跟前一年比是胖了还是瘦了。再聪明点的动物,比如黑猩猩,还会配合保育员做难度更高的检查,比如检查口腔、耳朵、B超甚至采血做化验,是不是跟人的体检很像啊?

Wednesday, January 20, 2021

星期三

农历庚子年·腊月初八

一月
20
大寒

观察之我见

一转眼到了大寒节气，此时太阳到达黄经300度。这是二十四节气的最后一个，过了大寒，意味着一年就将过完。《月令七十二候集解》云："十二月中，月初寒尚小，故云。月半则大矣。"

陈嘉铭

大寒的物候：一候鸡乳，二候征鸟厉疾，三候水泽腹坚。意思是说大寒节气里母鸡产蛋；第二候的五天里鹰隼之类的猛禽处于极强的捕食状态，盘旋于空中随时准备出击以补充身体能量御寒；第三候的五天里水中的冰一直冰冻到中间，坚硬又厚实。

Thursday, January 21, 2021

星期四

农历庚子年·腊月初九

 观察之我见

如果有斑马宝宝降生，出于对宝宝健康的考虑，减少初生时的应激和对陌生环境的恐惧，工作人员会隐蔽起来，悄悄观察它们，等到斑马宝宝相对适应了家中的环境，开始和妈妈一同散步时才近距离地和宝宝接触。

李乾方

初生的斑马宝宝与妈妈几乎形影不离，这股"黏糊"的劲头还真不小，就算看到陌生的工作人员靠近，小家伙也只是围绕它的妈妈转着圈躲避，令人忍俊不禁。斑马妈妈为了宝宝能尽快地适应地面行走，不停地带着宝宝散步。相比刚落地时的步履蹒跚，出生几天后的斑马宝宝已经能连蹦带走十分灵活，还时不时地探头喝母乳。如果天气寒冷，为了斑马宝宝的健康考虑，保育员将会提供更多的垫料保障小家伙的健康。相信有了母乳的滋养和保育员的精心照料，小斑马会健康成长。

Friday, January 22, 2021

星期五

农历庚子年・腊月初十

观察之我见

方子言

晴好的暖阳似乎带来了融融的春日感觉。动物们可不会错过这美好的阳光。这边有只5个月大的袋鼠宝宝已经迫不及待了,努力从育儿袋里探出身子,想要晒晒太阳。要知道,它们一般要在妈妈肚子里呆6个月才会出袋活动,可见冬日暖阳的吸引力。而那边细尾獴们排成排,以直立之姿向着同一个方向迎接着阳光,背上的绒毛在逆光中丝丝缕缕可见。

Saturday, January 23, 2021

星期六

农历庚子年·腊月十一

观察之我见

缅甸蟒母蛇怀孕到小蛇破壳需要200天左右的时间,蛇蛋在母蛇体内的时间为150天左右,为了防止胚胎受到挤压流产,母蛇怀孕后一般不再进食,所以这期间的母蛇比较脆弱,容易受到其他动物的攻击。如果在冬季怀孕,母蛇就可以在洞穴里冬眠,躲避其他动物的骚扰,同时减少能量的消耗。到了春季,气温开始回暖,母蛇正好结束冬眠,并开始产蛋。母蛇用身体将蛇蛋盘起,开始近两个月的孵化。幼蛇出壳时就差不多到了食物丰富的夏季,幼蛇就不会因为食物匮乏而饿死。

胡寅

虽然蛇类没有很高的智商,不会像高等动物一样哺育后代,但为了保证后代的生存也作出了各种努力,这就是万物进化的神奇之处。

Sunday, January 24, 2021

星期日

农历庚子年·腊月十二

观察之我见

临近立春可寒潮还是不断来袭,已然到了春寒料峭的时刻,才真正理解"冬冷不算冷,春冷冻煞鹦"的俗语。动物园工作人员也赶紧行动起来,在冬季原有保温的基础上继续做好保暖工作,食草斑马开启保温灯、增加垫料,小兽与豹房内室增加麻袋,蟒蛇笼增加暖风机。

般若芸

Monday, January 25, 2021

星期一

农历庚子年·腊月十三

 观察之我见

　　西湖上很少有见到赤膀鸭出没。它们喜欢栖息和活动在江河、湖泊、水库、河湾、水塘、沼泽等内陆水域中，尤其喜欢在富有水生植物的开阔水域，偶尔也会出现在海边沼泽地带。食物以水生植物为主，也常到岸上或农田地中觅食青草、草籽、浆果和谷粒等。常成小群活动，或与其他野鸭混群活动。它性胆小而机警，有危险时立刻从水草中冲出，飞行速度极快。

Tuesday, January 26, 2021

星期二

农历庚子年·腊月十四

观察之我见

每年过年时节，年画中总是出现金鱼的题材，这与中华民族岁月流转中形成的金鱼文化有关。在历经千年的金鱼演变发展历程中，金鱼受到上至贵族、下至黎民的喜爱，并融合在中华文化中，形成了在百姓生活中寻常可见的金鱼文化。金鱼谐音"金玉"，而金玉又代表富贵，所以宫廷豪门将名贵金鱼请回家请专人照管，不仅能美化环境、怡养性情，也能讨得好口彩，起到图吉利的心理作用。普通金鱼也能进入寻常百姓家，讨得"余"的口彩，图个"吉庆有余""年年有余"。另外金鱼具有产仔多的生殖特点，所以古人也以此寄托表达"多子多福"的美好愿望，常见于年画、剪纸、灯笼等民俗艺术形式中。

徐伊可

Wednesday, January 27, 2021

星期三

农历庚子年·腊月十五

观察之我见

　　万物有灵，每个生命都熠熠闪耀灵光。可要说有灵气。总让人想到鹿，那机警的眼神，矫健的身姿，威武分叉的长角让人印象深刻。又因鹿与"禄"谐音，禄代表着财富，福禄寿喜中独占其一，所以从古至今在中国传统文化中，鹿也备受人们的喜爱。每年动物园为保障安全会给公梅花鹿做手术割去头上的角，但会留一头公鹿让它头上的角正常生长直至气势恢宏的模样。公梅花鹿头上的角在七八月份慢慢骨化，到了4月，骨化的旧角要掉落了，新的角也在萌芽，就像孩子们换牙齿一样，只是梅花鹿的角每年都会这么轮回。

Thursday, January 28, 2021

星期四
农历庚子年·腊月十六

观察之我见

在食草动物草料库的角落里发现了几个大拇指粗的肉嘟嘟幼虫,这应该是独角仙的幼虫。独角仙又叫双叉犀金龟,它们成虫的寿命一般不超过3个月,雌性在交配之后,会寻找富含腐殖质的土壤,将卵产在土里。而堆积的草料房底层温暖湿润的场所是个极佳的产卵地。这几条肥嘟嘟的幼虫是个大白胖子,身体两侧的小点点是用来呼吸的气孔,体表还有很多刚毛用来感知。细弱的6条小短腿几乎不能在地面上爬行,蜷缩着,似乎处于冬眠的状态中。

Friday, January 29, 2021

星期五

农历庚子年·腊月十七

 观察之我见

在冬日里或许你会喜欢观察狗獾，那胖嘟嘟的短圆身材，仿佛都看不到腿了，毛色顺滑光亮，那机灵的模样实在招人喜爱。狗獾，顾名思义，就是长得像狗，特别是鼻子。狗獾的周身味道也会有点重，因为它肛门附近有腺囊，是能分泌臭液的。它们还有很锋利的爪子，这个爪子不仅能帮助它们捕食，而且也能帮它们挖洞，它们的洞挖得可深了，可以有10米以上。洞里也不是家徒四壁，落叶、茅草都会被獾拖到洞里做铺垫。在鲁迅的小说《故乡》里，獾就出现过。当时它被鲁迅用了个自造字——"猹"代替。鲁迅笔下的獾很机灵，看到少年时候的闰土拿叉子要攻击它，第一反应不是掉头跑，反而先奔向人，再从胯下逃走。

陈蕴之

Saturday, January 30, 2021

星期六
农历庚子年·腊月十八

观察之我见

迟奕文

　　涉禽是指适应在沼泽、浅水区域生活的一类鸟，它们有着一些相似的特点，例如涉禽的最主要特征就是"三长"——嘴长，颈长，脚长。嘴长、颈长使它们可以方便地从水底、淤泥中获得食物；脚长便于它们涉水行走，但不适合游泳。杭州动物园展示了丹顶鹤、东方白鹳、白枕鹤、火烈鸟、蓑羽鹤、白琵鹭等多种涉禽。其中丹顶鹤和东方白鹳是国家一级重点保护野生动物，白枕鹤、蓑羽鹤、白琵鹭是国家二级重点保护野生动物。

Sunday, January 31, 2021

星期日

农历庚子年·腊月十九

观察之我见

丹顶鹤应该是我们最熟悉的涉禽之一。它们因为头顶上生有鲜红色斑块而得名。身姿修长、体态优美，自古就受到人们的喜爱，常把丹顶鹤和仙人、长寿、祥瑞联系在一起。但其实丹顶鹤有个小秘密，头顶红色的部分并没有羽毛，而是由许多红色的小肉瘤组成的。这些小肉瘤还会随时间变化，在每年的春季，丹顶鹤发情的时候，红色肉瘤会变大，颜色也更艳丽，在发情结束后会逐渐变小，颜色变暗。同时丹顶鹤的"红顶"还能反应它们的身体状况，当"红顶"变得不明显，没有光泽，则表示它们的健康出了问题，需要保育员重点关注。当春的气息临近，丹顶鹤会出现对鸣舞动的发情表现。这期间来动物园感受丹顶鹤双双对鸣舞动的美好风姿，细细观察它们头上肉瘤的变化吧！

二月

1

Monday, February 2, 2021

星期一

农历庚子年·腊月二十

 观察之我见

临近立春仿佛有了春意朦胧的错觉。如果你留心的话会发现梅花盛放了，鸟鸣声变得愈加婉转了，红嘴蓝鹊们开始双双衔枝准备要营造爱巢了。动物园里的模范夫妻东方白鹳已经忙碌一周共同搭建爱巢，双双对对、爱意浓浓的身影已然打破冬的沉寂，似乎春已在呼唤了。

杨可欣

杨可欣
东方白鹳

Tuesday, February 2, 2021

星期二

农历庚子年·腊月廿一

观察之我见

徐子萱

  2月2日是世界湿地日。湿地是价值最高的生态系统,被誉为"地球之肾"。它不仅可以有效蓄水,净化污水,调节小气候,还是水生动物、两栖动物、鸟类等动物的家园。人类生产活动和经济发展导致生态环境受到破坏,其中湿地面积减少和质量下降对许多高度依赖湿地的水鸟产生了不利影响。丹顶鹤是典型的湿地鸟类,自然湿地是越冬丹顶鹤最适宜的生境,其中草滩和盐蒿滩是其选择的主要生境类型。但是近几十年来,自然湿地的面积是呈不断下降趋势的,这就导致了丹顶鹤种群的活跃区域不断收紧,种群密度增大,进而造成了食物的短缺以及患病的可能性增加。这些都使我们意识到,要保护动物,我们首先需要保护好我们的自然环境,保护好我们的共同家园。

Wednesday, February 3, 2021

星期三
农历庚子年 · 腊月廿二

二月
立春
3

观察之我见

今日立春，太阳到达黄经315度。立春是中国农历二十四节气中第一个节气，《月令》有载："立春，正月节。立，建始也。五行之气，往者过，来者续。于此而春木之气始至，故谓之立也。立夏、秋、冬同。"立春拉开了春天的序幕。万物复苏，一年四季又接续开始。二十四节气以太阳在黄道上的位置变化和地面气候演变次序为依据总结出规律用于生活之中。

朱瑾怡

古人以五日为候，三候为气，六气为时，四时为岁，每岁二十四节气，七十二候相应，气候也由此而来。立春三候有：一候东风解冻，二候蛰虫始振，三候鱼陟负冰。第一候东风解冻说的是到了立春，北半球受到越来越多的太阳光直射，这就为万物提供了更多的生长能量，风中似乎也感觉到了暖意，大地开始解冻；立春五日之后到了立春第二候，蛰伏在地下冬眠的昆虫也感受到了气候的变化，开始有了苏醒的征兆；立春十日之后到了立春第三候，河里的水也受到暖意影响开始融化，鱼开始到水面上游动，水面上没有消融的浮冰像是被鱼背负着一般漂浮在水面上。

二月
4
小年

Thursday, February 4, 2021

星期四

农历庚子年·腊月廿三

观察之我见

猫科动物多在冬春发情，金钱豹"梦露"与"州州"也沐浴在爱河之中。要说这些大猫们平时可都是孤独的王者，傲娇得容不下别的猫，只有到了繁殖季节而且是看对眼的异性才能在一起。7岁的"梦露"和8岁的"州州"在发情状态好的情况下才获准圆房。可别看"梦露"与"州州"现在感情和睦，你侬我侬，并于2017年9月孕育龙凤胎一对，可在"州州"入赘给"梦露"之时，工作人员可谓动足了脑筋。因为"梦露"是有着玲珑标志身材、天使脸蛋、迷离眼神的冷美人，又鉴于猫科动物对配偶的挑剔性，工作人员会提前将带有"州州"气味的草垫、粪便等放入"梦露"家里，让它能提前有所适应，建立熟悉感。在观察"梦露"的反应之后，才将"州州"的家安置在"梦露"的旁边，让它们成为邻居，正所谓"近水楼台先得月"，还真别说，"梦露"和"州州"的感情发展一直很顺利，情投意合。

Friday, February 5, 2021

星期五
农历庚子年·腊月廿四

观察之我见

立春日之后,太阳从南回归线一日日向着北回归线靠近,我们北半球的人也感受到温暖的气息。"吹面不寒杨柳风",敏感的人或许可以感受到,这时的太阳跟冬天比又有不同,风似乎也多了些温暖,明显感觉到白天的日子一天天变长了。虽然立春后气温在回升,但因冷空气影响,不时有"倒春寒"发生,所以也就有了"春捂秋冻"的说法。"春眠不觉晓"、"春来正好眠"春天温暖的气息也让人想要赖赖被窝,那么作为陆地上最高的动物,你知道长颈鹿是怎么睡觉的呢?如此高大的体型,使它们躺下睡觉和重新站起需要花费很长时间,面临天敌时格外危险。因此长颈鹿每天睡眠时间很短,也很少见它们躺下睡觉。当然在动物园里,如此安全的环境下,长颈鹿会躺下睡觉。晚上,熟睡的长颈鹿,前腿会蜷缩在身下,脖子会弯向后方,头会放在伸长的后腿上或者地面上。长颈鹿也会在最热的正午打个盹。打盹时,是站立的,会将头颈找个地方靠一下。或许你来动物园也会看到"春困"的长颈鹿哦!

Saturday, February 6, 2021

星期六

农历庚子年·腊月廿五

 观察之我见

尽管已经立春，可目之所及一派冬日萧瑟的景象，植物都未有发芽的姿态，春花也未开放。可还是能感受到暖意，一切都在悄悄地变化着，用"万物复苏"来描绘春天一点不为过。如果你在此刻的夜晚来到户外，或许能偶遇池塘中一团团被透明胶质物包裹着的镇海林蛙蛙卵，如果你仔细观察，还能看到蛙卵不同的发育形态，甚至有的已经能见到一条小黑线发育就要成为蝌蚪了，或许再过段时间就能感受到"稻花香里说丰年，听取蛙声一片"的景象了。

谢宜杭

Sunday, February 7, 2021

星期日

农历庚子年·腊月廿六

二月
7

 观察之我见

李安

　　每年春秋两季的寄生虫检查可不能少，毕竟夏秋季节是动物园里寄生虫们活跃的时候，需要提前做好防护。小虫虫里面也有大学问，为什么动物们比较容易得寄生虫病呢？这里面有好多原因，比如像豺狼这样的动物会吃生肉，没有煮熟的肉里面就可能会带寄生虫的卵，另外动物们吃东西的时候可不会像我们人类一样先洗手，还会在地上舔食甚至舔自己的屎尿，虫卵吃到肚子里就可能得病啦。所以，我们人类饭前便后洗手还真是个良好的习惯呢！

Monday, February 8, 2021

星期一
农历庚子年·腊月廿七

 观察之我见

小熊猫外表看着乖萌，但却十分好斗，最近到了发情期，公的小熊猫之间特别容易打斗，这大家都可以理解。可要是公的发情了，遇到母的没发情，也容易打斗，真是让保育员操碎了心。动物的打斗可不是闹着玩，稍有不慎就会受伤，甚至出现死亡。所以一旦发现打斗就要进行隔离与合笼，还要对打斗受伤的动物进行治疗。小熊猫的繁殖对于环境的要求比较高，发情交配之后，小熊猫需要在安静的环境中待产，预计孕期在120天左右，保育员会提前一个月将"准妈妈"迁移到后场待产。

Tuesday, February 9, 2021

星期二
农历庚子年·腊月廿八

 观察之我见

张起凡

今天来认识几种吃东西像我们人吞药片似的动物。对了，吞，你注意到了这个关键词，那它们肯定是不咀嚼的，所以鸟类的可能性非常大。确实今天要说的可都是大嘴巴的鸟类了，鹈鹕、双角犀鸟和巨嘴鸟，请你脑补一下这些鸟类的形象，或许喙长且大就是它们兼而有之的典型特征。也因为这张大嘴，它们会先用嘴巴夹起食物，然后一仰头食物就顺着长长的口腔进入食道里面了。

Wednesday, February 10, 2021

星期三
农历庚子年·腊月廿九

 观察之我见

孙瑜晨

杭州是金鱼的起源地之一,而杭州动物园与金鱼也有着深厚的渊源。其实世界上最初并没有金鱼这种生物,金鱼是人工育种的产物,是从普通鲫鱼演变来的。其实最初,发现的金鲫鱼只不过是野生的红、黄色鲫鱼,是野生鲫鱼的变种。因其特别的颜色受到人们的喜爱,进而对其进行专门的培育,在千百年的演化中才形成了姿态万千、色彩各异的不同品种的金鱼。金鲫鱼出现,有史可考,也许才1000多年。根据我国金鱼专家陈桢教授的考证,金鲫鱼最早出现在北宋,而且就出现在离我们不远的浙江嘉兴月波楼,大约公元968年至975年,在那里发现了金鲫鱼。

之后,公元1000年左右,杭州六和塔的山沟中和南屏山下净慈寺对面的兴教寺池内,也有了金鲫鱼的身影。杭州有着"东南佛国"的美誉,佛教文化对金鱼的诞生起了重要作用。

Thursday, February 11, 2021

星期四
农历庚子年·腊月三十

 观察之我见

张开诚

丹顶鹤是鹤类中的一种,因头顶有红肉冠而得名。中国古籍文献中对丹顶鹤有许多称谓。如《尔雅翼》中称其为仙禽,《本草纲目》中称其为胎禽。它是东亚地区所特有的鸟种,因体态优雅、颜色分明,在这一地区的文化中具有吉祥、忠贞、长寿的寓意。鹤的尊贵从中国古代文官朝服的官补子就可以一见端倪,一品文官绣仙鹤,二品绣锦鸡,三品绣孔雀,四品绣大雁,五品绣白鹇……可见,古人对于仙鹤是多么喜爱。

Friday, February 12, 2021

星期五

农历辛丑年·正月初一

 观察之我见

在涉禽展区，我们经常能看到火烈鸟、丹顶鹤等涉禽单脚站立着休息，这是为什么呢？与人类不同，涉禽单脚站立时几乎不需要肌肉的帮助，对鸟来说是最省力的休息方式。在单脚站立时，它们还会交替用两只脚"独立"，很像人在长时间站立后调整身体重心，让两腿轮流受力。涉禽不能改变身体重心，只能从一只脚换到另一只脚，让两只脚轮流休息。涉禽"独立"还有利于调节体温。鸟的身体覆盖着浓密的羽毛，但脚上却没有羽毛保暖。站立时把一只脚收到翅膀之下，可以利用身体的羽毛给脚保暖，减少热量散失。

童炫棋

Saturday, February 13, 2021

星期六

农历辛丑年·正月初二

白腰文鸟，是动物园里的常客，喜欢聚在一起叽叽喳喳，比大家熟悉的麻雀还要热闹。天寒地冻，许多植物还没有发芽，野外难以找到食物的白腰文鸟看上了动物园这块宝地，经常十几、二十只蹲在树枝上等着动物开饭的时候来蹭一口稻谷，远远地看上去就像一串"冰糖葫芦"。

喜欢蹭饭的可不止白腰文鸟，夜鹭和大嘴乌鸦也是动物园里的蹭吃族，保育员们有时候也会在冬季增加一些食物来满足蹭吃客的需求。可作为野生动物，养成饭来张口的习惯可不好，还是要凭借自己本事觅食才是，外来的野生动物也会把疾病传播到动物园里，这也是让兽医们头疼的事情。

Sunday, February 14, 2021

星期日

农历辛丑年·正月初三

观察之我见

周凡琪

  一般鸟类的雄性要比雌性长得更加美丽,最典型的就是孔雀了,在每年春天,雄孔雀就会开屏求偶,如果保育员发现有配对的鸟儿,就会将它们转移到"单间"进行饲养,方便它们筑巢产卵。总有人以为舞动花手帕或者穿一身漂亮花衣服就能让孔雀开屏,即使现在一年四季仍然有人在孔雀展区前争着与孔雀比美,吸引它开屏。其实雄性孔雀会在春天开屏,也是在雄性孔雀之间相互比美,"竞选"胜出之后才能赢得雌性孔雀,双双对对去完成"鸟生大事"!

Monday, February 15, 2021

星期一

农历辛丑年·正月初四

 观察之我见

黑叶猴宝宝出生时一身乳黄色毛发与爸爸妈妈的黑色毛发形成鲜明对比，一双眯眯眼似睁非睁，害羞地躲在黑叶猴妈妈的怀抱里，晃着脑袋寻找第一口奶水，嗷嗷待哺的样子着实可爱。妈妈也变得异常警惕，而黑叶猴爸爸别看它平常不管不顾，可保护欲很强，除保育员之外不会让任何人轻易靠近黑叶猴母子，一家之主的范儿十足！

朱隽兰

Tuesday, February 16, 2021

星期二

农历辛丑年·正月初五

 观察之我见

东方白 刘佳忆画

刘佳忆

　　春天最热闹的要数鸟类了，这不，涉禽展区内混养着的丹顶鹤、东方白鹳、白枕鹤平日一直都能和睦相处，就在这段时间里冲突不断、警戒、追逐、打斗行为不仅在同种鸟类之间出现，不同种鸟类间也时有发生。工作人员虽然保持高度警惕，但并不轻易干预，在繁殖期这些鸟类通过这样不断爆发的冲突彼此挑战，确定界限后才会安定下来。"大乱方能大治"，原来安定的前奏是这样的混乱啊。在经过一段时间的斗争之后，力强者为胜方，可抢占有利地形，力弱者只能委屈在边缘了。不过各得其所也都可以繁殖哦。

Wednesday, February 17, 2021

星期三

农历辛丑年·正月初六

 观察之我见

徐语涵

　　鸳鸯主要生活在游禽湖边远离游客的树上和岸边,需要仔细寻找。每年冬天,一些野生的鸳鸯会迁徙到这里,与动物园的鸳鸯们喜结连理。数量多的时候,可以看到满树鸳鸯的盛景。鸳鸯象征爱情,但自然界中鸳鸯爱情的保鲜期很短也并不忠贞,仅在几个月的繁殖期内,公鸳鸯才会时刻与母鸳鸯在一起,繁殖期一过就各分东西。倒是它们的邻居天鹅对爱情更忠贞一些。天鹅是一夫一妻制的鸟,一旦定下伴侣就不会轻易更改,直到一方死去,难怪元好问有词"问世间情为何物,直教人生死相许。"

Thursday, February 18, 2021

星期四

农历辛丑年·正月初七

二月
18
雨水

 观察之我见

今日为雨水节气,太阳到达黄经330度,对于身处北半球的我们感觉白天日子更长了,日照时间和强度都有所增加,气温的回升也比较快。《月令七十二候集解》有说:"正月中,天一生水。春始属木,然生木者必水也,故立春后继之雨水。且东风既解冻,则散而为雨矣。"在二十四节气中,雨水和谷雨、小雪、大雪一样都是反映降水的节气。在雨水节气里,气温回暖,降水量逐渐增多,虽降雪少了,但降雨增多。雨水节气对农作物有很大影响,多有"春雨贵如油"的说法。白居易有诗:"天街小雨润如酥,草色遥看近却无。"反映经历一冬之后草木在雨露滋润之下蓬勃欲出之势。

Friday, February 19, 2021

星期五

农历辛丑年·正月初八

 观察之我见

雨水节气里古人对于物候的观测有：一候獭祭鱼，二候鸿雁来，三候草木萌动。说的是古人在此节气中观察到水獭开始捕鱼，会将捕到的鱼摆放岸边似乎像是先祭后食的模样；五天之后，大雁开始从南方飞回北方；十天后，春雨"润物细无声"，草木也随之萌出。

尽管雨水节气里多降雨，似乎少有阳光，万物却也呈现一派欣欣向荣景象。梅花依旧绽放，蜡梅只剩星星点点的花儿点缀枝头。白玉兰光秃秃的枝条带着朵朵花苞挺立向上，错落齐整的姿态似有万箭齐发之感。乐昌含笑的花苞却掩映在绿叶之中不很显眼。

小爪水獭总是那么活跃，在水中来回穿梭，循环水系一直使水处于流动的状态，水面整个冬季也并未有冰冻。它们似乎是有这样的习性，捕捉到泥鳅之后，两前肢捧着咬住泥鳅头部，如果看到还有泥鳅从身旁游过，它们又会放下口中的泥鳅而去捕食游动的泥鳅，这或许也是古人观察到冰融化之后水獭捕鱼的场景吧。

Saturday, February 20, 2021

星期六

农历辛丑年·正月初九

观察之我见

每年2月的第三个星期六是"世界穿山甲日",旨在让公众意识到穿山甲所面临的困境,呼吁大家重视穿山甲的物种保护。今天一起来认识一下这种外表坚强,实则脆弱的动物。穿山甲是穴居动物,白天喜用泥土堵塞洞口,夜间出外觅食,以白蚁、蚁、蜜蜂或其他昆虫为食。穿山甲的舌头细长,能伸缩,并带有黏性的唾液,能轻松黏住食物,并且食量惊人。穿山甲有四条腿,却喜用两条腿走路,移动能力较弱,毕竟白蚁窝就在那里,挖开了就能饱餐一顿,要跑那么快干啥。既然跑不掉,那就要想其他法子对付捕食者。作为唯一一种有鳞甲的哺乳动物,就要有自己的独到之处——它们的鳞甲能起到很好的防御作用。在遇到威胁时它们会卷缩起身体,只剩下坚固的鳞甲露在外面,使很多食肉动物都难以下口。

方子诺

Sunday, February 21, 2021

星期日

农历辛丑年·正月初十

 观察之我见

食草区域生态堆渐渐多了绿意。它有一个很洋气的名字,叫"本杰士堆"。原来啊,这个生态堆是从事动物园园林管理的赫尔曼·本杰士和海因里希·本杰士兄弟发明的。本杰士堆的建造方法十分简单:在动物展区内,把石块、树枝堆在一起,并用掺有本土植物种子的土壤进行填充,同时在堆内种植蔷薇等多刺的保护性植物,接下来就是等待自然的神奇力量啦。由于本杰士堆的构造中存在大量天然孔隙,再加上外围树枝、石块和带刺藤蔓的保护,内部的植物会得到安全的生长空间,即使外周的叶片被动物吃掉,但由于根系和主干受到保护,很快这个本杰士堆就会被自然的植被覆盖。本杰士堆可以为动物提供新鲜食物、躲避场所,还可以形成自然美观的隔离效果,可谓好处多多!

Monday, February 22, 2021

星期一

农历辛丑年·正月十一

 观察之我见

　　涉禽展区里树木林立，在树林间也生活着一种犟头犟脑的鸟类——夜鹭，我们形象地戏称它们为"偷鱼贼"。别看它们缩着粗短脖子，直愣愣一动不动的呆样，一旦涉禽池里保育员放上新鲜的小鱼，夜鹭们的灵巧劲就都淋漓尽致地展现出来了。它们纷纷扇动翅膀飞到池边，长长的喙稳、准、狠夹着鱼儿，叼起飞走。冬天时树叶已全凋落，它们会停留在树枝的较低部位，数量也越来越多。保育员每年到这一时间都不得不用竹竿驱赶，以保证园内的涉禽还能享用到新鲜的鱼儿。同时，驱赶夜鹭也是为了防止它们将外来病原带入哦！

Tuesday, February 23, 2021

星期二

农历辛丑年·正月十二

二月
23

 观察之我见

早春时节如果你来动物园,就能看到鹤舞这一美妙的景象。丹顶鹤每年春季发情,雄鹤主动求爱,引颈耸翅,鸣叫不停,而雌鹤则随之翩翩起舞,以歌声应答,雄鹤、雌鹤歌声悠扬,舞姿婆娑,你来我往,一旦婚配成对,就偕老至终。这一对歌对舞、翩翩成双的美妙时刻,美其名曰"鹤舞"。

Wednesday, February 24, 2021

星期三

农历辛丑年·正月十三

 观察之我见

尽管已是春季的第二个节气了,空气中还有寒气,可地气已逐渐升温,阳光照耀下也能感觉到暖意,"吹面不寒杨柳风"似的。可黑猩猩内内的前脚趾却开裂了。尽管能依靠后肢直立行走,但它们更多的是用四肢行走。行走时前肢趾自然弯曲垫在地上,常年练就的趾节粗大强壮,皮厚粗糙,而在冬季脚趾皮肤经不起干燥、严寒就会开裂,甚至也会长冻疮,兽医人员需要在这一时节做好预防与治疗工作。

冯俊浩

Thursday, February 25, 2021

星期四

农历辛丑年·正月十四

 观察之我见

刘昊霖

　　脑袋圆溜溜,身材细长,小爪水獭实在是最萌的,也是在这一时节最不怕冷的。小爪子特别小,性格也好,天性就十分好奇活泼,喜欢和小伙伴生活在一起,擅长游泳,而看它的行为做派,那我们的观察真的不及古人了。水獭吃东西的时候,会双手合十,仰首向天,这在我们看来是萌到不行,而在古人眼里,这可是水獭在祭鱼啊。擅长游泳的水獭,主要以河中的鱼、虾、贝类等为食。在战国时期的《孟子·离娄上》就有记载"为渊驱鱼者獭也",可见古代先人早已知道水獭是捕鱼的高手。而古时野生的水獭成群活动,经过长久地观察,古人发现水獭这种行为出现的时间较为规律,多发生在正月和十月,古人就觉得这个时候,水中一定鱼类繁殖,水产资源丰富,正是水獭捕食的最好时机。在王安石的《字说》中也记载过:"正月,十月,獭两祭鱼。"所以古代有以獭祭鱼为禁渔和捕鱼的信号,只有獭祭鱼之后才可以捕鱼。

Friday, February 26, 2021

星期五

农历辛丑年·正月十五

 观察之我见

西湖边有一群白衣仙子,它们身穿白衣,大长脚,长脖颈,飞翔时会将脖子内收,仪态优雅,它们就是白鹭了。白鹭有小白鹭、中白鹭、大白鹭三种。而西湖边茅家埠这片水域因环境好,干扰少,是鸟类最为集中的地方,很多鸟儿争相在此筑巢安家,能观察到有八十多种鸟类。也时常能见到小白鹭的身影,乘着天气晴好,你可以去一睹它们的风采。

盛逸宸

Saturday, February 27, 2021

星期六

农历辛丑年·正月十六

 观察之我见

李星岑

　　动物园里的大熊猫是有名的"吃货",每天在吃上可花不少时间呢,先坐着吃,累了找个靠垫靠着吃,最后干脆躺着吃,有时候保育员就会想,它会吃着吃着睡着吗?对,杭州动物园出了名的爱躺着吃的是大熊猫。冬天这时节大熊猫有额外喜好吃的食物吗?除了当季的新鲜冬笋外,当数滚滚牌"甘蔗"——各种新鲜的竹竿。此时的竹竿营养相对更丰富,味道也不错,深受它们的喜爱。大熊猫可谓是"吃竹有道",聪明着呢。它们像人吃"甘蔗"一样,会先用牙剥掉竹竿外层硬硬的皮,免得扎伤自己,即使粗一些的竹竿也难不倒它们。有些游客会觉得这竹竿也太硬、太老了吧?对于它们来说也是小菜一碟。

Sunday, February 28, 2021

星期日

农历辛丑年·正月十七

二月
28

 观察之我见

每年春季以后，成对的犀鸟，便选择高大的树干上的洞穴作巢，一般都是利用白蚁蛀蚀或树木天长日久朽蚀后形成的大洞。它们在洞底垫上衔回来的腐朽木料，上面铺些柔软的羽毛，等到产房"装修"完成，雌鸟便开始产卵。一般每只犀鸟一次产卵1～4枚，卵纯白色。产卵后的雌鸟就开始和产房外的雄鸟合作，把产房的门堵上。雄鸟从外衔回泥土，雌鸟就从胃里吐出大量的黏液，掺进泥土中，连同树枝、草叶等，混成非常黏稠的材料，把树洞封起来，仅留下一个能使雌鸟伸出嘴尖的小洞。这样雌鸟在孵化期间就不用怕蛇、猴子等天敌的伤害，可以安心地孵化自己的小宝贝了。雌犀鸟的饮食完全由雄犀鸟来照顾，这时的雄鸟，正四处奔忙寻找食物，为妻子提供食物。每当雌犀鸟把嘴伸到洞口的时候，雄犀鸟就会把自己嘴中的食物送到雌犀鸟嘴中。经过28～40天，小犀鸟破壳而出。雌犀鸟再用嘴把洞口啄开，为自己解除"禁闭"，和雄犀鸟一起哺育雏鸟。经过6～8周的时间，小犀鸟慢慢长大，就可以离开巢穴自己觅食了。

Monday, March 1, 2021

星期一

农历辛丑年·正月十八

 观察之我见

"让厚厚的雪花重新落在北极,四分五裂的浮冰快快冻结吧,让我们重新拥有纯净的家园。"这是来自北极小海豹的呼唤。今天是"国际海豹日"。动物园内展出的是斑海豹,它身体肥壮,呈纺锤形,全身生有细密的短毛,潜水的本领更为高强。但到了陆地上,它们就显得很笨拙,只能依靠前肢和上体的蠕动,一起一落地匍匐前进。在海岸上群栖时,它们的警惕性很高,就是在睡觉时也经常醒来观察四周的动静,如果发现敌情则迅速从岸边高地或礁石上滚入水中,逃之夭夭。

Tuesday, March 2, 2021

星期二

农历辛丑年·正月十九

 观察之我见

刘佳忆

去年秋季来到动物园的鸳鸯已经在悄悄做着准备,准备离开美丽的杭州返回繁殖地。它们是杭州动物园的常客,年年秋天来这里,度过冬天之后,向北迁徙。成年雄性鸳鸯羽毛色彩亮丽,而雌性则暗淡许多。在动物园中若你碰巧,它们会从你头顶突然飞过,这时不要被吓到哟!动物园里还有野生的绿头鸭,选择终年留在园里。春的气息早已被鸭儿感知,开始了一年一度的繁殖,不久你就可能在园里看到鸭妈妈带着小鸭子在水面嬉戏游泳了。

Wednesday, March 3, 2021

星期三

农历辛丑年・正月二十

观察之我见

每年3月3日是"世界野生动植物日",城市化进程高速发展的今天让我们再次将目光聚焦到身边的自然。蓝天下的每一个角落都有动物潇洒天地间的身影,在茫茫林海中有猿啼高歌,在大漠孤烟中有狼对月长嚎,在烟波浩渺中有横江一鹤的意韵,在广袤无垠的湿地中有鹤舞翩跹的优雅,在冰天雪地中有企鹅憨立寒风的坚强。它们给了我们感动的力量,让我们懂得生命的顽强,感动于自然的魅力,敬畏于自然的神秘。

蒋子洛

Thursday, March 4, 2021

星期四

农历辛丑年·正月廿一

观察之我见

叶子萱

雄性蓝孔雀已经身着艳丽的羽衣,开始展开漂亮的尾羽,炫耀美丽。

一年之计在于春,春季是鸟类最为忙碌的季节,杭州动物园里鸟鸣声声,悄然的变化随春而动。为什么鸟类中很多雄性要比雌性美丽?我们熟悉的孔雀就是典型的例子。雄性争相比美以吸引雌性的注意,成功博得雌性欢心后会一起筑巢、孵卵、育雏,此时雌性承担起了大部分职责,不显眼低调的外表就是比较好的保护色了。

Friday, March 5, 2021

星期五

农历辛丑年·正月廿二

三月
5
惊蛰

观察之我见

太阳到达黄经345度,时间的轴轮指向3月5日,惊蛰节气到了。这一时节之后,沉闷了一冬的雷又将觉醒。"春雷惊百虫",春雷始鸣,惊醒蛰伏地下冬眠的昆虫。《月令七十二候集解》云:"二月节,万物出乎震,震为雷,故曰惊蛰。是蛰虫惊而出走矣。"

郎靖瑜

惊蛰物候:一候桃始华,二候仓庚鸣,三候鹰化为鸠。惊蛰最初五天,桃花感受到春暖而开;在二候的五天里,仓庚也就是黄鹂开始鸣叫;三候的五天里,春暖花开,鸟类进入繁殖季节,古人观察到原本潜伏隐匿的鸠开始鸣叫求偶,这一时节好像鸠一下子多了起来,古人以为是鹰变成了鸠。

Saturday, March 6, 2021

星期六
农历辛丑年·正月廿三

观察之我见

已过惊蛰节气,春的气息浓烈,万物萌动。双叉犀金龟(独角仙)的幼虫开始蠕动,在土里钻来钻去。幼虫吃了几个月的土,经过多次蜕皮,已然成为体长10厘米的大胖子。这时的地表环境仍接近冬季状态,幼虫会在温暖潮湿的腐殖质土壤里逐渐成熟,并在成熟后慢慢化蛹,当春天的召唤越来越热烈时,沉睡的蛹将会发生脱胎换骨的变化。

Sunday, March 7, 2021

星期日

农历辛丑年 · 正月廿四

 观察之我见

这一时节，乍暖还寒，寒风中的玉兰和含笑带来了蓬勃的春天，满树的紫色泡桐也即将盛放，一切都是热烈又欣然有活力的。连鸟鸣也异常婉转，到了鸟类求偶繁殖的季节。忠贞的丹顶鹤双双对对舞翅引吭高歌，那一身洁白优美的姿态是对爱情美好的表达。它们寻一处隐蔽的安全之所，衔来枝条与稻草做成巢，那是它们准备一起迎接风雨、孕育后代的家。

三月
8
妇女节

Monday, March 8, 2021

星期一

农历辛丑年·正月廿五

 观察之我见

普通鸬鹚是一群来自中国北方的鸟,冬季迁徙至长江以南地区及海南、台湾等地越冬。西湖边常能见到它们的身影,已成为它们的第二故乡。普通鸬鹚主要以鱼类和甲壳类动物为食,善于潜水,能在水中以长而钩的嘴捕鱼。常掠过水面低飞,飞时颈和脚均伸直。休息时,在石头或树桩上久立不动。夏季在近水的岩崖或高树上,或沼泽低地的矮树上营巢。除迁徙时期外,一般不离开水域。鸬鹚是捕鱼能手,在我国的很多地方,人们通过驯养鸬鹚来捕鱼。

黄欣颖

Tuesday, March 9, 2021

星期二
农历辛丑年·正月廿六

 观察之我见

春天，当天气回暖，金鱼池中的水温回升到10摄氏度的时候，金鱼们要开始进行新一年中的头一件大事——繁殖。在发情时，雄鱼往往是主动的一方，它们会追逐着雌鱼游动，有时还会用头去顶雌鱼的腹部，好像一对恋人在水中追逐玩耍。所以古人常用成对的金鱼来象征美满的爱情。

周许涵

因为雄鱼的刺激，雌鱼开始排卵，同时雄鱼将精子也排入水中，在水中让鱼卵受精。金鱼卵外层有黏性物质，能帮助它们粘在水草或者其他固定物上。受精后的鱼卵不需要父母的照顾，在温度适宜的水中会自行孵化。半透明的鱼卵晶莹剔透，透过透明的卵膜仔细观察，还能看到小鱼黑色的眼睛。等待一个星期左右，就能看到小鱼破卵而出了。

Wednesday, March 10, 2021

星期三

农历辛丑年·正月廿七

观察之我见

鹈鹕衔来枯枝在浅滩的隐蔽处做了窝,产下了几枚蛋。这是鹈鹕生涯"成家立业"迈开的一大步,得来可并不容易。要知道雄性鹈鹕在发情期要与同伴进行激烈的打斗,只有胜出者才能抢占有利地形,抱得"美人归"。而且它们打架场面非常热烈,如此大个头的鸟儿,翅膀展开可达3米多,借助展翅扑腾的力量,巨大的喙成为了有利的武器。

严浙宁

Thursday, March 11, 2021

星期四

农历辛丑年·正月廿八

 观察之我见

春季是鸟类的繁殖期，它们求偶配对后就双双开始筑巢，涉禽、鸣禽、游禽就会因领地的原因而上演"战争片"，有时候还被伤得不轻，演变成为"恐怖片"。鸟类基本由双亲，有的鸟类还包括亲属一起完成繁殖的任务。动物同人一样，都有繁衍后代的本能，和照顾下一代的那份责任感。大多数动物每年有特定发情期，错过这个时间段没碰到心仪的对象就只能等待第二年，如大熊猫、金丝猴、东北虎、大象等；而常年发情的也有，如黑猩猩、长臂猿、鼠等。它们会在发情期间先选择一片安全区域，也就是它们的暂时"婚房"，不让其他动物进入。

蒋思元画 东北虎

蒋思元

Friday, March 12, 2021

星期五

农历辛丑年·正月廿九

 观察之我见

你一定会留意到嘴特别大,嘴上面两个角状突起好像古代武士的头盔非常威武的鸟类,它们就是双角犀鸟,得名也源于头上硕大的角。它们长着这么大的嘴,是不是很笨重,不方便行动呢?其实犀鸟的嘴和盔突是中空的,内部跟蜂窝一样,非常轻巧。采食、修建巢穴等工作大嘴都能灵巧地完成。即使是掉在地上的米饭粒,犀鸟也能用大嘴轻松捡起。看来笨重的大嘴只是我们想象的,原来也很灵巧。而且在野外双角犀鸟还会捕食青蛙、老鼠、昆虫等,当然水果是它们的最爱。

双角犀鸟 马恺画

Saturday, March 13, 2021

星期六
农历辛丑年·二月初一

三月
13

观察之我见

陈蕴之

　　春风和煦，鸟语花香，一派生机勃勃的忙碌景象里，鸟类也进入了繁殖期，不同鸟类它们搭建的"爱巢"也各有不同，这与它们生活的环境大有关系。根据不同的生活环境，大致可分为：涉禽、游禽、攀禽、陆禽、鸣禽、猛禽等大类。在长期适应环境生存的漫长岁月里它们进化出特有的鸟喙与脚爪，比如涉禽生活于湿地滩涂，它们大都有着长而尖的喙，脚长而趾间无蹼，而游禽在水中善于游泳，都有脚蹼；当然也有例外的，火烈鸟虽然属于涉禽类，但它们可是具有脚蹼的，这个脚蹼在繁殖期间可是帮了大忙了，原来火烈鸟的"爱巢"材料是泥土，是它们不断用脚蹼和喙压实后形成的"小土丘"，实在是非常特别哦！

Sunday, March 14, 2021

星期日

农历辛丑年·二月初二

 观察之我见

明媚的春光处处闻啼鸟,鸟儿们歌声婉转,色彩亮丽,在春天里越发忙碌,忙于展示自己的美丽,筑巢、孵化。瞧,孔雀正开屏,张开大扇子般的尾羽,不停地转动着。不要美美地想,孔雀开屏是为了和我们人类比美,不要想,孔雀开屏是要比颜值。真实的情况是这样,孔雀王子美丽的尾屏是为它面前的孔雀公主而开。所以也只有春季孔雀们的恋爱季节才能看到雄孔雀们的绚丽开屏哦。

Monday, March 15, 2021

星期一

农历辛丑年·二月初三

 观察之我见

春天是鸟类的季节,如果你留意的话能发现在动物园内水池边有一群"蓝精灵"的身影,它们是普通翠鸟,身披蓝色外衣,喙尖长。它们可是捕鱼能手、短小精悍、飞行极快、独来独往。它们会栖息在水面上方的枝干上仔细观察,一旦有小鱼进入它的捕食范围,它就像一支离弦的蓝箭,收拢翅膀直插水面,以极快的速度完成起飞、入水、捕鱼、转身、飞出水面、飞上枝杆等一系列完美的捕鱼动作,而整个过程仅仅花了一两秒钟的时间。所以翠鸟也是世界公认的捕鱼能手。

Tuesday, March 16, 2021

星期二

农历辛丑年·二月初四

观察之我见

春分前，三月的杭州雨水充足，冷雨并没有浇灭动物们的生命力，趁着短暂的阳光，它们都开始悄悄地萌发情愫，各自忙碌起来，其中尤以鸟类的活动最为明显。当人们还穿着冬衣时，它们已早早地感知到春天的气息。呼吸到一丁点春天的味道就能让它们活跃起来，当你还在寒冷的萧瑟中瑟瑟发抖的时候，黑天鹅、东方白鹳、鸿雁们都已经汲取着春的养分，似乎在与春天赛跑，争分夺秒的努力营巢、产卵、孵化，迎接新生命的到来。

章诗佳

Wednesday, March 17, 2021

星期三

农历辛丑年·二月初五

 观察之我见

春天鸟儿们忙碌，保育员也忙碌起来。早早地为鸟儿们提供好筑巢的材料——稻草、树枝和树叶等供其选择，之后就是见证奇迹的时刻。一个个"巧手的工匠"把这些材料整理、裁剪、堆砌成合适的大小和高度。这也许就是鸟类的天赋和使命吧。当春天更靠近的时候，就该轮到雉鸡类动物上场表演了，雄孔雀纷纷打开那异化了的修长、闪亮的尾上覆羽，快速抖动着，向着雌孔雀的方向转动，表达爱意的方式是如此的直接、奔放。丹顶鹤没有孔雀般华丽的"衣裳"，但是有一副好嗓子，雌鸟和雄鸟像唱山歌似的对鸣，倾诉着压抑了一个冬天的丰沛情感。

郑煜杭

Thursday, March 18, 2021

星期四

农历辛丑年・二月初六

 观察之我见

天鹅宝宝 程诗慧

　　天气终归慢慢地温暖起来了，那些蛰伏、酣睡在一个个鸟蛋里的小生命将来到这个世界，那时又会是另一番热闹的场面。天鹅宝宝、鸿雁宝宝跟着父母学着游泳、觅食；而晚成鸟东方白鹳的小雏鸟还只能赤裸着身子在巢内嗷嗷待哺。四季的轮回仿佛生命的轮回，对鸟类来说每个春天都是一次新生命的萌发，它们使尽浑身解数、百般武艺，雌鸟还得固守巢穴整整一个月不能动弹，为的就是将种群延续下去。面对这么努力的动物，保育员们也不能放松，要更加用心地为它们做好一切后勤工作。期待新生命的降临！

Friday, March 19, 2021

星期五

农历辛丑年·二月初七

三月
19

观察之我见

徐子萱

刚出生的黑叶猴宝宝,全身乳黄色,头部则为金黄色,尾为黑色,刚出生的小模样简直比金丝猴宝宝还俊俏呢!经过一个月的成长,金黄色的毛发慢慢转黑,两颊的白毛也越来越明显了。黑叶猴宝宝渐渐长大,大眼睛骨碌碌,越来越伶俐,已经不愿意再待在妈妈怀里了,当妈妈安静享受食物时,它会在妈妈身边围绕着跑来跑去。如果你来动物园很难找到它,也不奇怪,因为黑叶猴大部分时间都待在高处,是树栖灵长类动物。需要细心寻找。

Saturday, March 20, 2021

星期六

农历辛丑年·二月初八

三月
20
春分

 观察之我见

今日春分,太阳到达黄道360度,也是0度位置,太阳光正好直射在地球赤道位置,对于地球来说绝大部分地区昼夜等长。过了春分之后,北半球越来越呈现昼长夜短的趋势。《月令七十二候集解》云:"二月中,分者半也,此当九十日之半,故谓之分。"所以春分一指昼夜均分,二指春季之中,立春启幕春天,春分平分春季。春分的物候:一候元鸟至,二候雷乃发声,三候始电。是说春分时节之后,元鸟即燕子从南方飞来,下雨的天气将会打雷并伴有闪电。

Sunday, March 21, 2021

星期日

农历辛丑年·二月初九

 观察之我见

今日是"国际森林日",春日的自然也一派欣欣向荣的景象。此一时节,春山处处子规啼,真正的春天到了。柳树芽已过了朦胧烟柳时节,三三两两的叶片呈现一派新绿,桃花、杏花、樱花、油菜花都盛开了,一派蜂飞蝶舞的繁忙景象。动物园里最早营巢于树上的是红嘴蓝鹊,它们一般选择靠近食源地、距离水源较近的树上,巢树的选择通常是常绿树种,比如杜英、青冈和刺柏等,因为此时落叶树种叶子尚未长出,选择靠近水边的常绿树种不仅隐蔽性强,且符合它们喜欢水浴的习性,也利于它们孵雏、育雏。

徐佳蕊

Monday, March 22, 2021

星期一

农历辛丑年·二月初十

 观察之我见

今天故事的主角叫小歪，是一只公旋角羚，从前它们的种群由4只旋角羚组成，除了"小歪"还有两只母旋角羚和一只公旋角羚头领——"龙宝"。等"小歪"成长为一头健壮的公羚羊，这时隐藏在它基因里不安分的因子就逐渐的暴露出来了，平日里闲来无事就去用角顶木桩子，或者去追逐另外两只母旋角羚，亦或直接去挑战群落中头领"龙宝"的权威，用它们强有力的角斗得难分难解。老头领慢慢地老去，而"小歪"身上肌肉越来越丰满，头上的两个角也更加粗壮有力了。终于"小歪"成为了新的王者，把"龙宝"打败了，群落就由"小歪"统领了。"小歪"娶妻生子，将优秀的基因延续下去。

Tuesday, March 23, 2021

星期二

农历辛丑年·二月十一

观察之我见

今天是"世界水日",说到节水冠军不妨来看看"沙漠之舟",大家可能第一能想到的就是骆驼君。的确,骆驼极其耐渴,在炎热干燥的沙漠中,骆驼可以长达一周不喝一滴水也能生存下来。骆驼能有这样的本事,主要是因为它能够在体内大量地储存水分,一次能够饮用相当于其体重30%的水,然后再慢慢地消耗掉。

刘承昊

不过我们这次的主角可不是骆驼,有一种动物有着和骆驼一样的特异功能,甚至可以说比骆驼更胜一筹,它们就是非洲撒哈拉地区半沙漠地带的弯角大羚羊,缺水的生活环境造就了它们耐饥渴的本领,它们可以一连几周甚至几个月滴水不饮;为了保存体内珍贵的水分,弯角大羚羊的肾脏高度进化,可以长时间不排尿;而且只有当外界温度超过46.5℃时才会出汗,这个数字是绝大多数哺乳动物不可企及的。

Wednesday, March 24, 2021

星期三
农历辛丑年·二月十二

 观察之我见

春季是金鱼繁殖的季节，工作人员会外出采集些金鱼草，它们枝条细密柔软，是金鱼卵极好的附着物。在有雄鱼追逐雌鱼情况出现后，将水草放入，而产下的受精金鱼卵外层有黏性物质可以吸附在水草上，工作人员会根据时间将水草取出标记，便于了解孵化的日期及品种。这一时期除了饲喂普通金鱼饲料之外，还会饲喂杭州人俗称为"金虾儿"的浮游生物，它的学名叫剑水蚤，因为外形有一点像小虾而得名，也是金鱼最爱的美食。

韩煦

Thursday, March 25, 2021

星期四

农历辛丑年·二月十三

 观察之我见

代楚嫣

　　卷羽鹈鹕最近在孵化了，它们生活在游禽湖，头上的羽毛蓬松卷曲，随着身体的动作不时地盖住眼睛，像极了人的发型，难怪很多眼尖的小朋友会说，"它们的发型看上去像坏人！"鹈鹕嘴下有橘黄色的喉囊。平时，喉囊紧贴在喙下，捕食时则张开大嘴，用喉囊把水和鱼一起捞进嘴里，滤去水后吞食其中的鱼。它的喉囊可真像个可以伸缩的大口袋呀！你可以到游禽湖一睹它一口吞大鱼的风采！

Friday, March 26, 2021

星期五

农历辛丑年·二月十四

 观察之我见

虎山训练称重地磅安装到位了，你或许会奇怪，这是要干啥？其实呢，这就跟你在家里每天称体重一样，动物园里珍稀动物需要进行体重监测，毕竟动物疾病在于预防哦！而称重地磅放在训练笼内，训练笼又相对狭小，但虎即使进入到训练笼内也还需要它的四肢都站立在地磅上并稳定下来才能读取体重数字，这就非常考验保育员的训练水平啦！保育员在与动物的长期接触中建立信任，通过持续地去观察它们的行为、了解它们的需要，从中去寻找它们身体语言所表达的意思。在了解动物的基础上建立训练目标，敏感捕捉到目标行为并给予鼓励，日积月累之下就能达到训练目标了。

马恺

Saturday, March 27, 2021

星期六

农历辛丑年·二月十五

观察之我见

汪子晴

　　海狸鼠长得像只大老鼠，也难怪它属于啮齿动物家族，不过体型可比老鼠大多了。海狸鼠妈妈生下了一窝小崽，在隐蔽的小山洞里，海狸鼠宝宝像极了乳鼠，只是颜色是灰色的，没有毛，也不睁眼。工作人员为海狸鼠妈妈在原有玉米、胡萝卜等食物的基础上增加了窝头和苹果，保证海狸鼠妈妈哺乳期营养充分。在接下来的一个月，你将看到海狸鼠宝宝一点点长毛，长大，在水池边玩耍。没想到天生的游泳健将在幼年时也是怕水的，要等一个月后海狸鼠妈妈才会教会宝宝游泳哦。

Sunday, March 28, 2021

星期日

农历辛丑年·二月十六

三月
28

 观察之我见

庞然大物亚洲象的婚恋可也是要讲究自由恋爱的。两头亚洲象分别养在不同的房间里,但透过铁栏杆,它们可以看见对方,也可以闻到对方的气味。如果对上眼的话,象就会伸出长鼻子,去碰碰对方;这时如果对方有意,也会伸出长鼻子来回应。一来二去,两条长鼻子就会绞在一起了,这就说明它们情投意合了。到时机成熟的时候,在一旁观察的保育员就把两头大象从各自房间放出来,让它们自由约会。说不准过上些日子,就能怀上象宝宝啦。亚洲象是珍稀物种,为了扩大圈养种群数量,各大动物园间经常会开展合作繁殖。

李林熙

Monday, March 29, 2021

星期一
农历辛丑年·二月十七

 观察之我见

张淼淼

　　在西湖待了一个冬天的冬候鸟,已经开启迁徙模式,陆陆续续地飞回北方。最早开启迁徙模式的是普通秋沙鸭,早在2月中下旬就开始北上,迫不及待地想要回到北方,告诉小伙伴们杭州美好的湖光山色。一般情况,普通秋沙鸭来得最晚,走得最早,在西湖待上两三个月,来个短暂的休假。接下来,银鸥、鸳鸯、鸬鹚等冬候鸟也将"呼朋唤友",飞回北方。

Tuesday, March 30, 2021

星期二

农历辛丑年·二月十八

 观察之我见

一头萌萌哒的小象出生了，亚洲象的繁殖率不高，雌象孕期接近22个月，每次产一只幼崽，幼崽的哺乳期大约需要2年。这样算下来大约5～6年才能繁殖一次。象宝宝刚生下时，象妈妈会靠近它并用脚踢小象，后用长鼻子推小象，似乎要将包裹在小象外面的胞衣扯掉，辅助它站起来。小象一般出生后半小时到两小时内会在妈妈的辅助下站起来，最快的纪录是5分钟。这么快时间就能站起来，食草动物真是神奇呀！

李林熙

Wednesday, March 31, 2021

星期三
农历辛丑年·二月十九

三月
31

观察之我见

丹顶鹤的尾部羽毛是黑色的么？我们看到丹顶鹤成鸟颈部是黑色的，站立时似乎尾部羽毛也是黑色。其实那是次级飞羽和长而悬的三级飞羽。站立时，这些羽毛收在身体两侧，好像黑色的尾巴。"鹤顶红"也来自于丹顶鹤么？丹顶鹤头顶皮肤裸露，呈鲜红色，有传说中剧毒鹤顶红就是此处，而实际上鹤血是没有毒的，所说的"鹤顶红"其实是砒霜，即三氧化二砷，鹤顶红是对砒霜隐晦的说法。

四月

1

Thursday, April 1, 2021

星期四

农历辛丑年·二月二十

观察之我见

余濡冰

　　动物们的领地意识都非常强,自己的领地一旦被别的动物涉足,那一言不合一场战争就马上开始。这不巨嘴鸟为争夺配偶展开激烈冲突,其中一只巨嘴鸟喙都被打断了,可见战争的激烈程度了,好在喙并没有整个都断,只断了上边的小半部分,目前并不会影响它的进食,只是看上去颜值严重受损,怕是很难吸引到异性了。巨嘴鸟嘴巴将近占到了全身体长的一半,好在这么硕大的嘴巴异常轻盈,它们的跳跃飞翔也就显得灵动。

Friday, April 2, 2021

星期五

农历辛丑年·二月廿一

 观察之我见

黑白领狐猴与红领狐猴相处得其乐融融，想想红领狐猴初来乍到时，黑白领狐猴隔在小笼中，红领狐猴即使淋雨也不敢在黑白领狐猴直视下睡觉，保育员只好把黑白领狐猴放回有视觉屏障的角落。之后几天它俩睡觉的距离缩短了一半，还有互动。继而黑白领狐猴听到过道有声音，就静静地候在门口，目不转睛等待着小伙伴的到来，共用食盆、相安无事地睡觉，原来它们交朋友也有一个过程。

四月

3

Saturday, April 3, 2021

星期六

农历辛丑年·二月廿二

观察之我见

黄韵菡

豆豆画
大象

　　象是陆地上最大的动物，是食草动物，它们一天吃多少食物呢？动物园里成年亚洲象公象"诺诺"，每天要吃200千克左右的食物，相当于3～4个成人体重，我们成人一天大约吃1千克食物。

Sunday, April 4, 2021

星期日
农历辛丑年·二月廿三

四月
清明节
4

 观察之我见

太阳到达黄经15度,时间在4月4日至6日,到了清明节气。《淮南子·天文训》中说:"春分后十五日,斗指乙,则清明风至。"清明风即清爽明净之风。《月令七十二候集解》云:"三月节,物至此时,皆以洁齐而清明矣。"这一时节,能明显感觉到气温回升,但寒潮时有出现,冷暖气流在做着激烈冲突,所以在正午的阳光下感觉会比较热,夜间也会比较冷,昼夜温差大。

Monday, April 5, 2021

星期一

农历辛丑年·二月廿四

 观察之我见

　　清明节在踏青的同时,我们会去与家族建立联结,怀念祖先,怀古思今。而在动物园里每一个动物不仅有家族,也还有"家谱"呢!因为在动物园里我们会清楚记录每一个动物个体的所有信息,每一个动物具有的这份档案,我们叫做动物档案,当然也包括这个动物的父母情况,一生中所有的体检与治疗信息等。动物档案可是至关重要的,将伴随动物一生,哪怕它们有一天去了别的动物园。因为每个动物个体都需要被纳入这个物种的圈养种群来进行管理,确保基因的遗传多样性,毕竟现在我们能利用先进的科学手段来监测,种群的活性、多样性与范围越大,种群管理的意义也就越大。每种动物我们都会建立圈养谱系,每个个体都有一个谱系号,每个谱系号都是唯一的,这就好比这个动物有了像我们人类一样的身份证。

Tuesday, April 6, 2021

星期二
农历辛丑年·二月廿五

四月
6

观察之我见

清明三候：一候桐始华，二候田鼠化为鴽，三候虹始见。清明节气第一候五天里能看到桐树开始开花，第二个五天里田鼠因感到烈阳渐盛而躲回洞，喜爱温暖的鴽鸟（即鹌鹑）开始外出活动；第三个五天里能见到彩虹开始出现。落叶树种都抽芽，牡丹、杜鹃花、垂丝海棠开始开放。如果说惊蛰时节一声春雷惊醒蛰伏于地下冬眠的动物的话，那么清明时节这些冬眠的动物们已苏醒，甚至在中午太阳高照的时候会出来，或许就有蛇出来晒太阳。

林沈欣

鹌鹑　林沈欣 画

Wednesday, April 7, 2021

星期三
农历辛丑年·二月廿六

 观察之我见

旋角羚妈妈腹围明显增大,开始在内室工作人员铺设的垫草上站立,不时回顾,显得焦躁不安,试图远离其他的旋角羚。不时,旋角羚宝宝前肢与头先露出产道,肩胛骨露出后,旋角羚宝宝很快滑落下来。妈妈带起宝宝来可是有模有样的,舔胎毛,喂初乳,动作特别温柔。

叶子萱

旋角羚宝宝全身米白色的毛,无论雌雄,头顶均有两个微微突起的黑色小角,大约两小时内能站立起来,在妈妈身下吃上初乳。

Thursday, April 8, 2021

星期四
农历辛丑年·二月廿七

四月

8

🐰 观察之我见

谢宜杭

　　鸟语花香，蜂飞蝶舞，到处一派春的呢喃，鸟儿们忙着筑巢孵化，繁育后代。这一时节在动物园里有一位神秘客人是黄鼬，俗称黄鼠狼。一句歇后语"黄鼠狼给鸡拜年——不安好心"，不仅给黄鼠狼留下了狡猾的印象，还让不少人以为黄鼠狼最喜欢的食物是禽类。其实黄鼠狼是以啮齿类动物为食，而且也有能力捕获比自己大的禽类，但是真实情况是，黄鼠狼很少捕食鸡等一类比自己体型大许多的家禽。它们偏爱的啮齿类动物，其实就是老鼠。据统计，一只黄鼠狼一年能消灭三四百只鼠类。如果寻找鼠窝，它可以掘开鼠洞，整窝消灭。有黄鼠狼在的地方，不会发生鼠患。

Friday, April 9, 2021

星期五
农历辛丑年·二月廿八

四月
9

观察之我见

　　两爬馆有树蛙展出,树蛙就来自园内,清明之后从冬眠苏醒,从温暖的地下爬上了玻璃窗,你能看到绿绿的大树蛙侧趴着,足趾像吸盘一样牢牢吸住透明橱窗玻璃的样子,真是萌呆了,不由得由衷赞叹生命的神奇。接下来的时候,如果你足够细心,你或许会在园内某些水域附近见到大团的泡沫,这可能就是树蛙卵了,园内常见的是大树蛙。

Saturday, April 10, 2021

星期六

农历辛丑年・二月廿九

 观察之我见

春天浓烈的色彩也属于金刚鹦鹉,它们有着故乡南美洲的火爆风情,艳丽的羽色,凭借长长的尾羽体长将近一米,是世界上体型最大的一种鹦鹉。它的攀爬能力非常强,属于攀禽,因此鹦鹉广场所有的栖架都是用天然的材料所构成,树桩、树干构建起一个大的连通的环境,能够更好地刺激鹦鹉展现自然的攀爬行为,又因为它们十分喜欢啃咬,新鲜的树皮便能成为很好的啃咬对象。

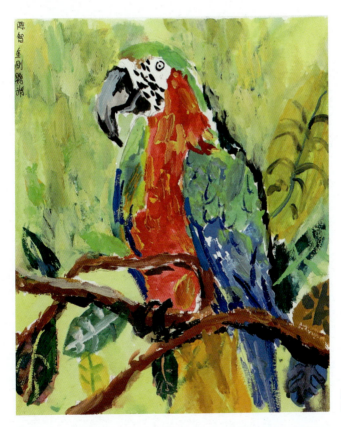

Sunday, April 11, 2021

星期日

农历辛丑年 · 二月三十

 观察之我见

徐潇冉

每年4月10日至16日为浙江的"爱鸟周"。鸟类的美从很早以前就开始被人们所发现,孔雀华美的翎羽、锦鸡富贵堂皇的色彩,鹰的孤傲、鹧鸪的野趣,种种这些都是吸引人观鸟的原因。这样的美在人类发展过程中被一层层解读,从最初原始的崇拜和欣赏,逐渐被赋予越来越丰富的文化内涵,它与人本身的审美情趣和人文精神相结合,形成了独特的美学价值。丰富的美学价值自然激发了艺术创作,不同的表现形式、不同的艺术内涵都是人们深厚情感的投射,也是各自对于动物之美的解读。文学、绘画、建筑等众多领域都能找到与鸟类相关的艺术作品。

Monday, April 12, 2021

星期一

农历辛丑年·三月初一

 观察之我见

清明节后天气越来越暖和，獾拖着圆滚滚的肚子也越来越活跃了，动物园展示有猪獾与狗獾两种，也很好区分，猪獾鼻子像猪，狗獾的鼻子像狗，它们都有很锋利的爪子，爪子不仅可以帮助它们捕食，同时也能帮它们挖洞，它们的洞穴深度可达10米以上。它们在杭州周边的山上也有分布。在动物园里它们也总爱低着头把鼻子凑近地面到处嗅闻着。

东方白鹳鸟　郑子妍

郑子妍

Tuesday, April 13, 2021

星期二

农历辛丑年・三月初二

观察之我见

叶一澍

红绿金刚鹦鹉 叶一澍画

　　草长莺飞的美好日子里，开阔的大草坪上保育员正在训练红绿金刚鹦鹉"大宝"放飞，体羽艳丽，翅展近一米的大鸟能来回飞过大草坪再回到保育员的手臂上。我们的红绿金刚鹦鹉"大宝"，作为大型攀禽它的脚爪构造非常有特点，有四个脚趾，呈前2后2分布，称之为对趾构造。这样的构造能够有利于它们在复杂的环境中都能稳定的站立、抓握和攀爬。"大宝"飞翔的姿态那么美丽，全有赖于它们翅膀上细长而紧密排列的一整排飞羽，这就是它们能够自由飞翔的关键了。长长的尾羽可以在飞行过程中用来保持平衡和帮助转向。

Wednesday, April 14, 2021

星期三

农历辛丑年·三月初三

观察之我见

天气渐渐地暖和起来，动物园焕发出生机，蠢蠢欲动的可不止准备开始求偶的鸟儿们。那些以野生动物的身体为家的寄生虫们也渐渐孵化出来，蛔虫、绦虫、吸虫，哎呦，想想都起鸡皮疙瘩。赶紧来给动物们做一次检查吧！兽医院会把各种动物的便便搜集过来，用显微镜看看里面都有什么坏东西，发现了以后，就可以给动物们吃药打虫啦，当然没有感染寄生虫的动物也可以预防一下。

方子诺

四月

15

Thursday, April 15, 2021

星期四

农历辛丑年 · 三月初四

观察之我见

余朗熠

不同于黑猩猩的花心,长臂猿是一往情深的痴情种。它们具有和人类一样的社会结构,一夫一妻制,这在灵长类动物中也是比较少见的。杭州动物园曾将一只雌性长臂猿送去温州动物园,试图让它"二婚"合作繁殖后代。但它始终依恋身在杭州的原配,在温州动物园的三四年里,它始终没有和其他雄性长臂猿配对,最后还是独自回到了杭州。

Friday, April 16, 2021

星期五

农历辛丑年・三月初五

 观察之我见

气温渐升，冬眠的动物们已经苏醒活动了。国宝扬子鳄也从内室转到外活动场，这里有水池、绿树、鹅卵石，个头不大的扬子鳄在这样的环境里似乎一下子就消失了，掩映在环境之中。它只是静静地趴着不动，仿佛一根烂木桩一样，任何东西都会对它放松警惕，它仿佛就是环境的一部分，但当一切都忽视它时，一旦有活物在旁活动，扬子鳄就会发动猛烈地突然袭击，充分发挥稳、准、狠的特点，大口将食物吞入腹中，它是最耐心的守侯者。

Saturday, April 17, 2021

星期六

农历辛丑年·三月初六

 观察之我见

　　在爱鸟周的时节里,让我们走进自然中去观鸟吧。观鸟或许是古亦有之的传统。在古代园林当中,文人、士大夫圈养一些鸟类特别是雉科动物例如白鹇、锦鸡等成为一种习惯,是天人合一的理念,反映士大夫回归田园的追求。如今,观鸟已经不仅仅是文人、士大夫的专属了,已成为都市人群的一种风尚,不仅可以陶冶情操,放飞心情,还可增长动物学、分类学知识。踏青郊游能在野外、在大自然中和这些美丽鸟类不期而遇也能点亮心情。

四月
18

Sunday, April 18, 2021

星期日

农历辛丑年・三月初七

 观察之我见

如果你想在这美好的春日里踏青、观鸟，除了杭州动物园之外或许你还可以考虑这几个地方。

观赏湿地鸟类有两大去处，西溪湿地鸟类种类多，除了湿地鸟类外，林地鸟类和旷野鸟类也常见，常年有各种鸟类60多种。茅家埠也是个不错的选择，白胸翡翠、苍鹭、小白鹭、黑水鸡都是可以观赏到的鸟类。

钱塘江边相较于市区其他地方，是观赏迁徙中水鸟的好去处，主要季节为春秋两季，以鸻鹬（héng yù）类为主，鹤鹬、红脚鹬、青脚鹬等，但在此观鸟具有很大的偶然性。

Monday, April 19, 2021

星期一

农历辛丑年·三月初八

 观察之我见

在杭州动物园里,每一种神奇的鸟类都在闪闪发光,等待懂得欣赏它们的人前来驻足观赏。尤其是春天里,那些发了情的鸟儿们更是明艳动人,雄性红腹锦鸡高昂着金灿灿的羽冠摆动着修长的尾羽,旋转着吸引异性的注目;丹顶鹤翩翩起舞,对鸣歌唱;公白鹇们白马银枪,为了心爱的姑娘剑拔弩张;孔雀自不用说,雄鸟异化了的尾上覆羽张开如屏风,快速抖动展现雄性独特的美。在这儿,这些本土的鸟类都有着各自的绰约风姿,所以在逛动物园的时候可不要只盯着那些国外的动物哦,本土的鸟儿们不仅"不土",还更有文化内涵和底蕴呢。

章亦寒

四月

Tuesday, April 20, 2021

星期二

农历辛丑年·三月初九

20

谷雨

观察之我见

太阳到达黄经30度,阳历4月19日至21日,节气谷雨。《月令七十二候集解》云:"三月中,自雨水后,土膏脉动,今又雨其谷于水也。雨读作去声,如雨我公田之雨。盖谷以此时播种,自上而下也。"此一时节雨水增多,对于谷物的生长有很大帮助,故有"雨生百谷"之说,"布谷布谷"布谷鸟也正合时宜于这个时间开始鸣唱。谷雨是春天的最后一个节气,"清明断雪,谷雨断霜"意味着谷雨之后基本已无寒潮,气温回升利于谷物生长。

马宇晴

谷雨物候:一候萍始生,二候鸣鸠拂其羽,三候戴胜降于桑。谷雨的第一个五天里,古人观察到浮萍开始生长;第二个五天里,可以看到布谷鸟梳理羽毛;第三个五天里,古人常在桑树上看到戴胜。

Wednesday, April 21, 2021

星期三

农历辛丑年·三月初十

四月
21

观察之我见

黄沁

"暮春三月,江南草长,杂花生树,群莺乱飞"正是描述百花盛放的时节,柳絮飞落,杜鹃花、牡丹、芍药、紫藤、络石花等盛放,"杨花落尽子规啼",杜鹃鸟也不时鸣叫。

Thursday, April 22, 2021

星期四

农历辛丑年·三月十一

 观察之我见

4月22日是"世界地球日",世界各地都在当天举行各种纪念活动,目的是警醒世人:地球资源需要我们合理利用,地球家园需要我们共同维护。你可曾记起露珠滚动于草叶之上,蜘蛛不慌不忙地织网,阳光洒落林间的每一寸土地生命都盎然生长,鱼跃深渊,鸟翔于天际,风吹遍的每一个角落也都有生命的踪迹。可当人类繁华的霓虹遍地,大地被覆以水泥,丛林隐退,自然的一切仿佛越来越远离,我们是否需要思考我们与地球上所有生命一样生存的本质是什么呢?我们到底想要的是什么?

Friday, April 23, 2021

星期五

农历辛丑年·三月十二

 观察之我见

丹顶鹤是一夫一妻异常忠贞的一个类群,这一时节是它们鹤舞择偶之后产蛋的时节。涉禽区生活着一对丹顶鹤,相亲相爱、形影不离,让人颇为羡慕。可在恩爱的背后也曾经做了件不太靠谱的事情呢。原来,它们产下了两枚蛋,可是自己却不去孵化,让人看了干着急。不过,这可难不倒我们的保育员,保育员发现隔壁有两位优雅的白枕鹤"阿姨"相当热心,母性极佳。当即决定,何不让白枕鹤来试试呢?于是,我们果断将丹顶鹤弃之不顾的两枚蛋交给了这两位白枕鹤"阿姨"。果不其然,两位白枕鹤"阿姨"出色地完成了任务,不仅顺利孵化出了两只丹顶鹤,而且带崽相当尽职尽责。

白枕鹤　于佑希画

于佑希

Saturday, April 24, 2021

星期六

农历辛丑年·三月十三

观察之我见

绿鹭 於欣画

我们常常把是否会使用工具改造自然作为区分人与动物的标志。其实自然界有很多聪明的动物也会利用工具或诱饵获取食物,如黑猩猩用小棍子钓蚂蚁吃,猕猴用石头砸坚果吃……而西湖边也有一种会用诱饵捕鱼的鸟儿——绿鹭。和大多数生活在水畔的水鸟一样,绿鹭爱吃鱼。食鱼的鸟儿大多也擅长抓鱼。绿鹭就喜欢俯身在大荷叶上静静埋伏,它一身银灰泛绿的花纹与大自然很和谐,仿佛天然保护色,不仔细看还真不容易看见。一旦发现猎物,绿鹭就像离弦的箭一样,迅速出击,尖尖的嘴巴就是一把鱼叉,瞬间刺穿猎物。曾经有鸟友看到西湖边的绿鹭用嘴衔起一只蜻蜓,把蜻蜓放在面前的水上,等待捕食蜻蜓的鱼上钩。如果蜻蜓随水流飘走,它还会把蜻蜓叼回来,重来一次。除了蜻蜓,其他小昆虫、树叶,都可能被绿鹭当成捕鱼的诱饵。真可谓是聪明的猎手呀!

Sunday, April 25, 2021

星期日

农历辛丑年・三月十四

 观察之我见

平时来逛动物园你不一定能看到蜜熊的身影,因为它们可是典型的夜行性动物,白天都猫在巢箱里睡大觉呢!别看它们长得像老鼠,又像猴子,其实它们是浣熊的近亲,同属于浣熊科。因为蜜熊生活在南美洲的热带雨林中,那里的气候常年高温潮湿,所以它们的皮毛经过进化已经变得短而硬,如果把浣熊的毛剪短之后应该会和蜜熊比较像。

李若茜

Monday, April 26, 2021

星期一

农历辛丑年·三月十五

 观察之我见

徐佳蕊

长臂猿妈妈产仔了，幼崽刚出生时都是黄白色的，可是在逐渐长大的过程中会经历完全颠覆的变化。如果观察长臂猿的一生，就会发现它很有意思。它们的雌雄成年后，毛色是不一样的。成年个体较大的黄色长臂猿，就是雌性，黑色的则是雄性。雌性在它的一生中，毛色会发生多次变化，出生时毛色为黄白色，5个月左右时全身变为黑色，6岁到6.5岁时又变为棕黄色，这也是它此后一生的毛色。

Tuesday, April 27, 2021

星期二

农历辛丑年·三月十六

 观察之我见

在这个草木以茂盛之姿迎来夏天时,动物们好像也敏感地捕捉到了丰盛食物的信息。这不,不少灵长类动物宝宝降生了。那么灵长类动物是怎样抱幼崽的呢?偷偷告诉你,大部分都是娃抱牢母亲,而不是母亲抱娃,当然母亲也偶尔会去抱娃。那是什么原因形成母亲不抱娃的呢?以长臂猿为例,它们有着长长的手臂,且手臂力量强壮,平时除了需要用"手"抓食物,还需要用手抓住高空的栏杆活动。在野外,如果遇到豹等天敌时,长臂猿还需要进行长时间、长距离地在树枝间飞荡。话说回来,幼崽是怎么抱住母亲的呢?通常,幼崽用手环抱母亲的腹部,用手指力量抓住母亲茂密的毛,手臂则紧紧用力环住腹部,当母亲坐下来的时候,幼崽所处的头部刚好能够着母亲的乳房。可见,大自然是如此的神奇,连母亲怎么抱娃娃都有讲究!

Wednesday, April 28, 2021

星期三

农历辛丑年·三月十七

 观察之我见

并不是所有的动物妈妈们都会带娃。长臂猿宝宝刚出生,亮黄色的毛色,微闭着的眼睛显得非常萌,可是这次长臂猿妈妈"元元"不再把注意力关注在宝宝身上,仔细观察发现,似乎都是幼崽自己用手紧紧地抱着妈妈的腿,等妈妈躺下来的时候,幼崽肚子饿了就会自己爬到妈妈胸前喝奶,喝完奶又会被妈妈扒到腿上去了。看上去新妈妈母性不强,不太愿意带孩子,幸好小不点也有着顽强的生命力,吃饱喝足,手臂有力气,随便妈妈怎么动,都紧紧抱着大腿安稳睡大觉。再次观察发现,长臂猿妈妈有时候有甩腿动作。怕伤到幼崽,保育员先是尝试在笼舍底部铺上厚厚的垫料,以防幼崽掉下来受伤害,真期望长臂猿妈妈元元能升起暖融融的母爱,带好娃呀。

Thursday, April 29, 2021

星期四

农历辛丑年·三月十八

 观察之我见

　　春天会有新生命诞生，蓝鹇宝宝破壳而出，见到了迎接世界的第一缕阳光。蓝鹇属于早成鸟，一出生就会走路啦，也可以跟妈妈吃一样的东西。平时，蓝鹇宝宝们跟着妈妈一起啄啄好吃的，晒晒太阳，洗洗沙浴，休息的时候就躲在妈妈温暖的羽毛里。保育员还给它们搭了小围栏，特别贴心。别看它们长得灰灰的，可不是普通的小鸡呢。蓝鹇，属国家一级重点保护野生动物，是台湾特有鸟种；栖息在海拔2000米以下中低海拔的阔叶林或混生林中，行动谨慎，不易见到。以植物的果实、种子为食，也吃一些无脊椎动物。数量稀少。

Friday, April 30, 2021

星期五

农历辛丑年·三月十九

观察之我见

游禽湖里的鸿雁宝宝出生也快两周了,渐渐从小毛球,变成了大毛球。在4月中旬鸿雁宝宝在经过了一个月的孵化期后,顺利出壳。鸿雁是早成鸟,小雁出壳后绒毛齐整,不一会儿就能行走、游泳和自主进食。鸿雁的巢一般筑在水边的沼泽地或草丛中,虽然有植物的遮挡,但却挡不住经验老到的捕食者。小鸟越早能行动自如,就越可能避开天敌的猎捕。因此在进化过程中,早成的基因就在鸿雁身上流传了下来。

谭钰涵

Saturday, May 1, 2021

星期六

农历辛丑年·三月二十

五月
1
劳动节

 观察之我见

正值"五一"小长假,动物园各展区又将面临如山的食物残渣,成堆的垃圾,这也成为动物园的主要困扰。很多游客往往只是出于自己的喜好就将各种食物喂给动物们。殊不知动物园里每一种动物都有专门为它们量身定制的营养餐,过量的食物只会增加它们肠胃的负担,成为危害健康的砝码。爱动物是需要懂得动物们真正的需要,再给予它们所需。关爱动物,拒绝投喂,这是最基本的爱。

张丝媛

Sunday, May 2, 2021

星期日

农历辛丑年·三月廿一

 观察之我见

黄沁

熊山里熊族每天饭来张口，日子久了，都懒散了，不愿意运动，变得个顶个的胖。来动物园的大朋友、小朋友看不到它们玩耍，也总感觉缺少了点乐趣。动物园里的保育员们为了让它们充分地运动起来，同时让大家看到熊的更多行为，想了很多有趣的方法。在池塘里偷偷地放了好几条半斤重的鲫鱼，试图给熊们一个惊喜。"熊大""熊二"一出来，就习惯性地去喝水，忽然发现了新大陆，兴奋地扑向水塘中，开心地左扑右逮，内心深处的渔夫梦一下子被唤醒，可惜技艺不够娴熟，迟迟未有收获，急躁地、懊恼地叫起来，活脱脱一个调皮蛋。慢慢地，掌握了捕鱼技巧，任凭池塘中水波荡漾，"熊大""熊二"总能很快地捕捉到美味。

Monday, May 3, 2021

星期一
农历辛丑年·三月廿二

五月
3

观察之我见

谢宜杭

松鼠猴,顾名思义,外观与松鼠有几分相似,是杭州动物园展出的最小的灵长类动物,只有成人手掌那么大哦。最近有两只松鼠猴升级做妈妈了,它们多数时间总是一起行动。刚出生的松鼠猴宝宝很小,不仔细观察还真不好发现。且大部分的时间都趴在妈妈背上,贴得紧紧的,只有喝奶时才会爬到妈妈胸前。松鼠猴宝宝的到来,保育员们付出了诸多的努力。保育员"妈妈团"像妈妈照顾小孩子一样细心照料松鼠猴,认真观察精神、采食和活动等细节,并根据需求及时调整食物、采取相应的措施。

Tuesday, May 4, 2021

星期二

农历辛丑年·三月廿三

 观察之我见

梅花鹿

陈奕诺画

陈奕诺

即将立夏，万物茂盛生长，梅花鹿头上的角也长势良好，待到角长成时，梅花鹿健硕的体型，搭配公梅花鹿头上4个分叉的长角，简直气势非凡。"角"是雄性之间用来斗殴争配偶的，每年的"角"会自动脱落，等到第二年春天重新生长。一般第一年的公鹿如果长角的话是不分叉的，也有不长角的，第二年的公鹿长角则会分两叉，以此类推，待到四年后成年了基本稳定在四叉。

Wednesday, May 5, 2021

星期三
农历辛丑年·三月廿四

五月

立夏

5

观察之我见

太阳到达黄经45度,时间在5月5日或6日,到了立夏节气。"斗指东南,维为立夏,万物至此皆长大,故名立夏也。""立,建始也,夏,假也,物至此时皆假大也。"此一时节气温回升较快,立夏之后进入梅雨季节,雨量增多。冬小麦一片绿色,麦芒扬起,油菜接近成熟,夏收作物进入生长后期。

许笑语

立夏物候:一候蝼蝈鸣,二候蚯蚓出,三候王瓜生。是说这一节气中第一个五天可听到蝼蝈在田间鸣叫;第二个五天看到蚯蚓掘土;第三个五天王瓜的藤蔓快速生长攀升。

Thursday, May 6, 2021

星期四
农历辛丑年·三月廿五

观察之我见

头戴一顶黑色小帽的它们被称为黑帽悬猴。什么是悬猴呢？悬猴科的动物尾巴可以当作第五条腿。不是所有的猴子都可以用尾巴当手脚使用的。它们的尾巴末梢卷曲，可以牢牢地缠住枝干，倒挂金钩。呆萌的表情！酷炫的发型！乌溜的眼神！如果你近距离观察的话，会发现活泼的它们真是个性一族。

陈可

五月
7

Friday, May 7, 2021

星期五

农历辛丑年·三月廿六

 观察之我见

万物经过春天的生发，至此进入快速生长。槭树叶、水杉叶在微风吹拂下绿意盈盈。黄菖蒲开花了。白鹳在春天双双营巢之后，进入孵化期。尽管期间白鹳妈妈和白鹳爸爸会相互交换着轮流休息，但白鹳爸爸还是承担了更多的责任。不论是孵蛋时间，还是巡护爱巢，白鹳爸爸都任劳任怨。而白鹳妈妈则更显胆小拘谨些。旁边的火烈鸟却明显是慢节拍，这才开始双双对对营巢。它们选择新鲜的泥土，通过喙将土衔到选定的地方，用具有蹼的脚交替踩实，不时再用特有的、弯曲的嘴在土上做着造型。它们的巢在鸟类中算是特别有创意的了。

陈璐

五月

8

Saturday, May 8, 2021

星期六

农历辛丑年·三月廿七

 观察之我见

沈安怡

　　这一时期的鹿角有种肉质的感觉，外表有层绒绒的白毛。如若待到鹿角长成时，则完成骨化了，会像利剑一样坚硬，难怪能成为鹿的攻击抵御外界的武器呢！所以在动物园里会在五月给梅花鹿割去头上的角，兽医会将梅花鹿麻醉后给梅花鹿做手术处理头上的角，这一时期的角因还没有骨化，遍布着毛细血管，所以头上的伤口会有血冒出来，兽医也需要为伤口止血并消炎包扎处理。所以在这一时期如果你正好遇上这样的场景，也无需慌张，这一切都是为了保障梅花鹿的安全，避免它们在秋季发情时用角打斗相互伤害，也能保障工作人员的安全。

Sunday, May 9, 2021

星期日

农历辛丑年·三月廿八

五月
9

观察之我见

江宸烨

　　进入立夏之后，大自然仿佛进入了透亮的初夏时光，枝叶繁茂，鸟鸣婉转，昆虫翩飞，一切都欣欣然热闹起来。这也是灵长类大批产崽的季节，仿佛有着天然的程序似的，就在这食物丰盛的时期纷纷产崽了。猕猴妈妈们都抱起了小崽，黑帽悬猴、松鼠猴也都争先恐后生宝宝，仿佛争抢着在五月"母亲节"来临之际享受这个伟大的时刻。

Monday, May 10, 2021

星期一

农历辛丑年·三月廿九

 观察之我见

如果你喜欢观察自然，这段时间或许你会留意到一团团泡沫在叶片的背后，引发你的好奇。如果你再安静耐心观察一会儿，它还不时滴下几滴清澈透明的小水珠。其实沫蝉就住在这里，在它还很幼小的时候，这堆泡沫给了它们很好的保护，还能保持它们处于湿润的状态，这是它们特有的沫巢、特有的家。直到它们羽化成虫后，才会离开沫巢的保护，进入充满挑战的世界！

Tuesday, May 11, 2021

星期二

农历辛丑年 · 三月三十

观察之我见

谷歆妍

  一群猕猴里，总会有猴王。在猴群中找到猴王并不难。它们通常体格魁梧，尾巴高高翘起，特别是进食时，猴子们很会看眼色——如果看到谁来了，立马不争抢最好吃的食物了，那个来的就是猴王。不过，要成为猴王也不容易。猴群一般在3年左右，会出现一次猴王争霸赛，要经过多次对老猴王的挑战，才能成为一代霸主。你能在猴山中找到猴王吗？

Wednesday, May 12, 2021

星期三
农历辛丑年·四月初一

 观察之我见

袋鼠妈妈的育儿袋里住进了宝宝！让我们来看看，袋鼠宝宝是怎么成长的？经过33天的孕期，袋鼠萌宝就出生了。有人问它们是从袋子里出生的吗？不是啦！袋鼠妈妈也是在子宫里孕育的袋鼠宝宝。所以，宝宝出生的头等大事就是，爬到育儿袋里去！刚出生的小袋鼠活脱脱的一个早产儿，只有一粒花生米大小，努力地自己爬进育儿袋，妈妈则负责帮它舔湿通往育儿袋的道路。进袋后袋鼠宝宝叼住乳头后就不放了，从一颗花生米大小长到4个多月才会松口。5个月的小袋鼠已经毛茸茸啦！也开始探出脑袋观察这个世界。但要等到6个月以后，妈妈的育儿袋再也装不下萌宝了，出袋的小袋鼠开始自力更生啦，尽管还会时不时探头进育儿袋内喝奶！

Thursday, May 13, 2021

星期四

农历辛丑年·四月初二

 观察之我见

　　珍猴馆住着两只山魈,这种动物雌雄个体差异很悬殊,雄性名叫"山山"、雌性名叫"小小","小小"最近怀有身孕有小宝宝了,夫妻俩过着和谐而幸福的生活。有天"喜上加喜",从安吉来了只合作繁殖的雌性山魈"小山"。"小山"初来乍到,谨小慎微,处处让着我们的"正室""小小",对"山山"也很是献殷勤,常把屁股展示给"山山"(交配时雄性会先通过观察雌性屁股判断是否处于发情期,发情期的交配频率很高,非发情期也会偶尔交配)。好景不长,过了几天,"小小"和"小山"间发生了争斗,关系发生了大转变,"小小"被打败了,远远躲着"小山",甚至不敢和"小山"在一起采食,动物之间的关系也是风云变幻。

Friday, May 14, 2021

星期五

农历辛丑年·四月初三

 观察之我见

迟奕文

立夏一过,正午时分已有了烈日炎炎的感觉。这个时节也要开始准备防暑降温事宜了。首先需要给羊驼"大雄""小雄"镇静保定剪毛,能让它们安然度夏。羊驼的家乡原是在南美大陆的高山上,难怪它们长了长长的毛来御寒,那柔软的长毛披盖一身,头上的长毛遮盖住眼睛的样子萌极了,也难怪被网友们推崇为"网络神兽"了。经过训练的羊驼就可以不必麻醉而乖乖摆好pose等着剪毛了。

Saturday, May 15, 2021

星期六
农历辛丑年·四月初四

 观察之我见

斑头鸺鹠是猛禽,俗称猫头鹰。每年3月至6月是它们的繁殖期,所以这段时间总有些幼鸟或许是掉落后被救助人送到动物园里,经过检查、隔离、饲养成为健康有力又能适应野外生活的个体后,将会把它们放归野外。猫头鹰大多数是夜间活动,斑头鸺鹠虽也会在晚上行动,但更多的是在白天行动。

徐子萱

Sunday, May 16, 2021

星期日

农历辛丑年·四月初五

五月
16

观察之我见

斑头鸺鹠是留鸟，会以各种昆虫为食，也吃鼠类、小鸟、蛙类等。这些被它们吞下的小动物的骨骼、毛发等无法被消化分解，会被紧紧压缩后吐出来，被叫做"食茧"。猫头鹰这类猛禽基本都有这种特性，食茧里包含它消化不了的东西，像是弹丸一样。我们也可以通过分析"食茧"的成分来推测它们的食性。别看猫头鹰长着圆圆的大脸，大又圆的眼睛，貌似软萌，可没想到它们吞下小鸟也是一眼都不眨呀！

Monday, May 17, 2021

星期一

农历辛丑年·四月初六

 观察之我见

　　立夏过后，草木越来越繁盛，恍惚间萧瑟的枝条枝繁叶茂，合欢树相继开花了，伞状的粉色小花像朵朵水母在舞动。谁说植物是不动的呢！其实夜间的植物也并非全然不会动，合欢树的树叶到了夜间也是会闭合的，只是不像动物那样奔跑罢了。酢浆草的昼夜节律相对于其他植物更为明显。白天平展的叶片与夜间低垂耷拉的叶片形成鲜明对比，花朵在夜间也是闭合的，仿佛也都需要休息一般。

Thursday, May 18, 2021

星期二
农历辛丑年·四月初七

 观察之我见

在野外，旋角羚属小群体生活，通常雄性旋角羚通过决斗取得绝对的领导权就拥有交配权，劣势的雄性没有权利。在杭州动物园里，有成年旋角羚两公一母，到了交配季节就需要通过角斗的形式来决出胜负，以获得与母旋角羚交配的权利。这也是馆舍内公旋角羚的角有断裂的原因。

林沈欣

Wednesday, May 19, 2021

星期三

农历辛丑年·四月初八

 观察之我见

黄金蟒妈妈生下了20个蛋。蛇蛋和鸟蛋可不一样哦,蛇蛋外层有软软的革质膜,每个蛋也有拳头那么大,比鸡蛋可是大太多了,而且是长椭圆形的。你一定很好奇,蛇是冷血动物,蛇妈妈要怎么孵化它们呢?普通蛇一般产下蛋后就交给大自然来孵化了。我们黄金蟒也属于冷血动物,自己的体温都需要环境给予,怎么能孵化宝宝,给蛋温度呢?

告诉你吧,蟒蛇可是有绝招的哦!当蟒蛇需要孵化宝宝的时候,蟒蛇的身体会有规律地颤抖和扭动,通过肌肉收缩产生热量,这可是大自然赋予蟒蛇妈妈的独家神奇本领哦!或许,这也是一种爱的力量吧!虽然我们属于冷血动物,但爱就是温度!

五月
20

Thursday, May 20, 2021

星期四
农历辛丑年·四月初九

观察之我见

张栋宸

血雨腥风的动物世界里向来胜者为王,也不要以为弱者就没有反击余地,只能被动就擒。有时候看似弱者的绝地反击也许能将强者置于死亡境地。就像食草动物通常被认为是弱势的群体,但它们也自带防身"武器"。比如,大部分食草动物的眼睛不同于食肉动物而是都长在两侧,这样的视野开阔,便于它们及时发现风吹草动。很多头上还有锋利的长角,脚上有铁蹄,背水一战的致命一击不是闹着玩的。

五月
21

Friday, May 21, 2021

星期五
农历辛丑年・四月初十

小满

 观察之我见

太阳到达黄经60度,时间在5月20日至22日之间,到了小满节气。《月令七十二候集解》云:"四月中,小满者,物至此时小得盈满。"此时,麦子类冬播夏熟作物籽粒开始饱满,麦子已呈现金黄色,但还没到真正成熟,故曰小满。"小满小满,江满河满",杭州这时经常伴降雨。

周嘉琪

小满节气的物候:一候苦菜秀,二候靡草死,三候麦秋至。即是说小满节气,苦菜已长得繁茂,喜阴的细软草类因强烈阳光直射而开始枯死,到小满节气后期麦子渐趋成熟。

Saturday, May 22, 2021

星期六

农历辛丑年·四月十一

观察之我见

唐乐曦

　　5月22日是"国际生物多样性日",正值小满节气,此时草木经春的生发,正处于生长繁盛的阶段。气温适宜,各种昆虫、蛇类也开始有了活跃的身影,偶能见到鞭蝎的身影。园内野生状态下很常见的漂亮鸟儿红嘴蓝鹊特别活跃。红色的嘴,蓝色的外衣,带着长长的尾巴,无论是飞翔还是停留都特别美丽。红嘴蓝鹊虽然外表美丽,但却是"山中一霸",敢与成群的个头比它们大不少的大嘴乌鸦抢地盘,曾经在食草区域将成群乌鸦赶跑。甚至在夏季,偶尔也敢于叼食蛇类,凶悍本性可见一斑。

Sunday, May 23, 2021

星期日

农历辛丑年·四月十二

 观察之我见

万物生长的时节,一切都欣欣然,非洲狮产下两只幼崽,金丝猴也产崽了。我们也能在池塘沟渠边看到成群的小蝌蚪,黑压压一群群游来游去,那或许是中华大蟾蜍的小蝌蚪。中华大蟾蜍可是我们身边最常见的两栖类之一。早春时节就能看到它们的小蝌蚪。别的蛙们那个时候可都还在呼呼休眠睡觉呢!如果你想与中华大蟾蜍偶遇,可选择黄昏或雨后,不过在大部分人的眼中它们貌似并不美丽,全身布满了大小不等的圆形瘰疣,这些疙瘩能有效锁住水分,所以它们的适应能力十分强悍。它们那大眼睛,笨拙跳动的模样,总能让人忍俊不禁。

洪梓雯

五月 24

Monday, May 24, 2021

星期一

农历辛丑年·四月十三

 观察之我见

天气逐渐变热,即便在夜晚,温度也没有下降许多,这使得很多夜行动物活跃起来。园里有一种特萌的夜行动物,毛茸茸的皮毛和大大的眼睛,体型娇小,它就是蜜熊,是生活在雨林中的一种浣熊科动物,可体型倒是像猴子一样。它的名字中的蜜,是蜂蜜的蜜。因为它特别喜欢吃甜甜的食物,会采食蜂蜜,当然它也会吃果实,有时也会吃鸟蛋、昆虫及鸟类,是属于杂食性动物,在动物园里,我们会喂它香蕉、苹果、窝头、鸡蛋,别看它们体型小,它们的胃口可不小呢。"夜猫子"蜜熊是夜间精灵,别看它们懒懒的样子,白天一直在树孔或树荫下睡觉,晚上活跃非凡,晚上7时至午夜及破晓前的一小时最为活跃。用尾巴挂在树上,灵活的尾巴有第五只手之称,爪子锋利且灵活,可以牢牢地抓紧树干,后腿可以向后翻转,脊柱灵活柔软,可以在树枝间穿梭,这些都是蜜熊树栖生活的保证;当蜜熊的前爪用于进食时,仍可以通过尾巴与后肢稳定在树上,所以经常可以见到蜜熊倒挂在树上吃香蕉。

Tuesday, May 25, 2021

星期二
农历辛丑年·四月十四

 观察之我见

徐子萱

　　大家都喜欢看孔雀开屏。雄孔雀开屏是为了向雌孔雀炫耀自己的美丽,达到繁殖后代的目的。小孔雀刚出生跟小鸡可没什么区别。现在大家普遍看到的孔雀都以蓝孔雀为主,蓝孔雀原产于印度,性情温顺,易于饲养,被广泛引入世界各地。其实在我们中国还有一种孔雀分布,那就是绿孔雀,它才是我们真正传统意义上的吉祥鸟,是凤凰的原型,古代典籍中记录的可都是它。仅从颜色上并不能简单辨别,如何去区分它们呢?首先看头顶的冠羽,蓝孔雀的冠羽是扇状的,而绿孔雀则是簇状的,绿孔雀脸颊上有一块黄色斑纹而蓝孔雀没有,最后绿孔雀颈部的羽毛排列如同鱼鳞状而蓝孔雀颈部羽毛并没有什么纹理。绿孔雀早前在东南亚国家都有分布但现在数量稀少,各大动物园也罕有见到了。

Wednesday, May 26, 2021

星期三

农历辛丑年·四月十五

 观察之我见

两爬馆的平原巨蜥产蛋了,平原巨蜥需要比较高的温度维持正常新陈代谢,它们的蛋也同样需要相对高温,因此巨蜥蛋一直存放在控温、控湿的孵育箱中。保育员每周都会进行两次较为详细的观察,并做好孵化记录。蛋壳若有凹陷或发霉的现象,保育员会适时调整湿度,对于发霉较为严重的蛋,将用光照射,查看蛋内血管发育状况,对无血管迹象的蛋予以丢弃。历时5个多月的孕育,一只只小巨蜥出壳,刚出生的小巨蜥长约13厘米,体重约9克,它们都将饲养在温控箱中。

Thursday, May 27, 2021

星期四
农历辛丑年·四月十六

观察之我见

有一种注目叫虎视眈眈。杭州水边常见一种鸟,枕部长带饰羽飘飘,永远一派缩头缩脑窃贼样,极目远眺,专注非凡,水边守候,伺机而动。总是孤立于水边,永远一副"孤舟蓑笠翁,独钓寒江雪"的味道,似乎"蓑笠翁"挺符合对于它们的想象,它们就是夜鹭。动物园里也常能见到夜鹭的身影,总是在水池边,或水鸟与涉禽的展区内。对于它们只能用又爱又恼来形容,爱它们来去自由,潇洒天地的灵巧,爱它们缩着脖子"蓑笠翁"的模样,却又不免着恼于它们偷鱼、偷虾、抢食的小家子气。

吴妍希

Friday, May 28, 2021

星期五

农历辛丑年・四月十七

 观察之我见

最近救护的两只领角鸮,羽翼还未长全。转眼又到了雏鸟出没的时候了,大家都希望能帮助像它们一样遭遇不幸的小动物。我们该怎么保护它们呢?

江宸烨

如果你见到幼鸟落在地上,千万不要觉得可爱或者可怜而收养它们,但是你还是可以提供一些帮助的。尤其是当你发现幼鸟附近有流浪猫的踪迹,你可以帮助幼鸟转移到一个相对隐蔽的地点。把它捡起来放进附近的灌木丛或矮树上、草丛中,它们自己便会找到安全的地方。不用苛求必须把幼鸟放回巢内,因为无论把它放在什么位置,只要是在你发现幼鸟的附近,亲鸟都能通过它们的鸣叫声找到它们,并且把它们带回巢内。

如果鸟类受伤,一般以翅膀或脚骨折以及撞到玻璃暂时昏迷为主。可以将其放在大小合适的纸箱里,纸箱应比伤鸟稍大点为宜,受伤后应减少活动。纸箱太大也不合适,在纸箱周围打上足够的小洞,保证纸箱内有充足的空气,然后及时送到专业救治点救治,如果不能及时送救,可以在纸箱里面放少量饮水和食物。

Saturday, May 29, 2021

星期六

农历辛丑年·四月十八

 观察之我见

吕萱宁

每年的这个时候都能见到斑嘴鸭妈妈带鸭宝宝自由自在地活动，成为一道风景。鸭妈妈与鸭宝宝们的亲昵互动，亲切守护的姿态撩拨了每个人内心的柔软，吸引了所有人的目光。每天都会有人点点鸭宝宝的数量，希望它们活泼健康地长大，不被一些神出鬼没的小型兽类捕获。尽管时有消失的鸭宝宝，但每年总能有三四只健康长大，自在地从松鹤池飞向大草坪，那飞翔的姿态，引起游人一阵惊叹！生命的优胜劣汰，自然自有规则！

Sunday, May 30, 2021

星期日

农历辛丑年·四月十九

 观察之我见

鬣羚每年九月至十月发情交配，孕期八个月左右，初夏时节小崽出生。小鬣羚出生时体重是成年家猫的2～3倍，生下不久就能摇摇晃晃地站起来，去找妈妈的奶吃，这些动作是本能，先天就会。当小崽去寻奶吸时，妈妈很负责任地配合，甚至会用嘴尖去推小崽的臀部帮它一把，并顺势舔舐小崽的肛门助其排出便便。分娩对母鬣羚来说是一件备受煎熬的事情，为减轻痛苦，待产的母鬣羚往往会边走边捡点草在嘴巴里咀嚼，推测此时的咀嚼并不是因为味道，更不是因为饿。而是因为分娩之痛，尽管食之无味，但母鬣羚要依靠它来分散注意力，自我减痛等待新生。生下小崽后，精疲力尽的母鬣羚除了要悉心照料小崽外，还需紧急补充能量，对于鬣羚来说胎盘是独一无二的补品，所以当胎盘娩出时，母鬣羚会立时把胎盘悉数吃下。

Monday, May 31, 2021

星期一

农历辛丑年·四月二十

 观察之我见

有很多食草动物生下小崽后有将胎盘吃掉的习惯,鬣羚也不例外。或许有人说鬣羚是食草动物吃素的,而胎盘是肉的,属荤的,吃了能吸收吗?回答大家:能吸收,在野外生活中,它偶然也会将路过的蛇和鼠踩死,并吃下开开荤,而吃自身胎盘更是这种动物长期适应环境的进化结果。胎盘含有激素和营养,具有补能量催乳汁的功效,能使母体尽快恢复体力和分泌更多的初乳,同时吃掉胎盘能更快地清除分娩痕迹以免被其他动物发现。

Tuesday, June 1, 2021

星期二

农历辛丑年·四月廿一

六月
1
儿童节

 观察之我见

圆圆滚滚的大熊猫不仅可爱,而且有点小淘气,这不,为了调动它们的积极性,熊猫馆的保育员在后花园里准备了秋千和木桥。

仲昱晨

别看大熊猫胖乎乎的,其实小脑十分发达,荡起秋千来也稳稳当当,平衡感还不错,刚玩两次好像就已经掌握了技巧,起伏之间享受到了荡秋千的乐趣。最初后花园里的栖架和两边的假山是各自独立的,现在通过几根并列的实木将两者连接起来形成木桥,增加了大熊猫上层的行走空间,或者说又多了一个比武的场所,狭路相逢,你觉得哪只会胜呢?

Wednesday, June 2, 2021

星期三

农历辛丑年·四月廿二

观察之我见

周安心

　　已有初夏的气息,动物园春日里甜蜜的恋爱气氛散去,随之而来的是浓浓的舐犊之情。金丝猴宝宝已快满两个月,调皮的小美猴王现常常离开妈妈的怀抱,到处攀爬游玩,金丝猴妈妈只得紧跟着保护,就连就餐的时候也要用余光看着宝宝,生怕它失足掉落。另一侧的赤猴宝宝还小,两位赤猴妈妈省心多了,它们温柔地看着怀中的孩子,轻抚着为宝宝清理毛发。相较之下小兽园的北方貉妈妈就没那么轻松了:9个宝宝已初长成,撒开脚丫满院子跑,北方貉妈妈看住了这个,又看丢了那个,还要防止小貉被邻居欺负,真够忙乱的……动物的舐犊之情也不亚于我们人类,来动物园感受一家人其乐融融的温馨时光吧。

Thursday, June 3, 2021

星期四

农历辛丑年·四月廿三

六月
3

观察之我见

吕子墨

  保育员将丹顶鹤内室进行消毒除藓,准备让丹顶鹤一家三口暂居到新居。尽管丹顶鹤宝宝还没满月,但强大的基因让它显示出大长腿的挺拔身姿,全身大部分羽毛呈灰色,大长腿占据身高的一半,为了让这位国宝鸟宝宝更加健康成长,移到新居是目前最好的选择。外活动场流水潺潺、芦苇飘飘,一派美丽的湿地风光,丹顶鹤一家生活在其中简直是美的画卷。

Friday, June 4, 2021

星期五

农历辛丑年·四月廿四

观察之我见

夏日气温渐升，草木繁茂，在林间已能见到各种昆虫了。独角仙深受关注，它们身披铠甲挥舞脚爪，泰然若定的那种威武气势，凸显的头角，更强化了它的王者风范。这一类威武气势的独角仙都是雄性个体，威武长角也是它们展现雄性魅力、角逐打斗争取配偶的武器，雌性个体就没有长角了。这一类头角特化的昆虫一般都属于犀金龟类，独角仙又被称为双叉犀金龟，还有蒙瘤犀金龟、中华晓扁犀金龟，周边也常见。

Saturday, June 5, 2021

星期六

农历辛丑年 · 四月廿五

六月

5

芒种

观察之我见

太阳到达黄经75度,时间在6月6日左右,是芒种时节。这是夏天的第三个节气,仲夏时节来临了。《月令七十二候集解》云:"五月节,谓有芒之种谷可嫁种矣。"是指大小麦等有芒作物已成熟,需要抢收后马上播种晚谷等夏播作物,这一时节是古时播种最繁忙的时节,也叫农忙,故称芒种。芒种时节杭州也进入了梅雨季节。

许笑语

芒种物候:一候螳螂生,二候䴗始鸣,三候反舌无声。是说此一节气中,去年秋天螳螂产下的卵破壳而出长成小螳螂;喜阴的伯劳鸟开始在枝头鸣叫;而与此相反的是,能够学习其他鸟类鸣叫的反舌鸟反而停止了鸣叫。

此时无患子树、板栗树、合欢树、枣树相继开花了,晚上能观察到星星点点萤火虫在闪烁。屋檐下有燕子忙着飞出去寻找食物来饲喂幼燕。

Sunday, June 6, 2021

星期日

农历辛丑年·四月廿六

 观察之我见

　　这一时节梅花鹿陆续产崽,你总能在食草区看到鹿宝宝黏着、偎偎着妈妈,不时探身去喝奶的场景,在这一时节也能听到诗经中的"呦呦鹿鸣"了。不过梅花鹿也不一定都是呦呦地叫。"呦呦",一般是指鹿非常高兴和放松的情况下发出的声音,很少能听到。梅花鹿发出叫声常见的情况有两种,一种是雄性梅花鹿求偶,求偶的叫声是比较粗犷的,还有一种是幼年的鹿受到惊吓,寻求妈妈安慰,发出的那种有点像羊叫的声音。

Monday, June 7, 2021

星期一

农历辛丑年·四月廿七

六月
7

 观察之我见

经过近一个月的孵化，杭州动物园30余条虎斑游蛇宝宝们终于陆陆续续破壳而出啦！看着它们小小的身躯，不禁感叹原来蛇也可以如此呆萌。虎斑游蛇属于游蛇科颈槽蛇属。游蛇科的蛇都是卵生的，蛇是冷血动物，游蛇妈妈产下蛋后，孵化这个重要任务只能交给大自然了。原本虎斑游蛇的孵化期是29~50天不等，在动物园里，保育员将游蛇蛋放在蛭石里，放进孵化箱，孵化温度恒定在30℃，所以游蛇宝宝基本在29天左右都出壳了。

罗淑喻

Tuesday, June 8, 2021

星期二

农历辛丑年·四月廿八

 观察之我见

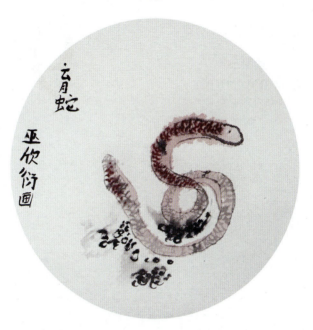

  南方的黄梅天几家欢喜几家愁,对于动物们也是一样哦。动物园里平时遇不到的身影都出现了,比如鞭蝎、蜗牛,经常会在某一地与它们偶遇。盲蛇也是其中一种,它们被称为世界上最小的蛇。

  它们喜欢生活在腐木石头下、落叶堆和岩缝间等阴暗潮湿的地方,晚上及下雨过后会到地面上活动,行动敏捷。乍一看你几乎分不清它们哪边是头哪边是尾,只有当它们挪动身体时才会发现,原来脑袋和尾巴居然也可以这么像。它们小巧的身体更像是蚯蚓,可它们居然是以蚯蚓为食的哦!之所以叫盲蛇是因为它们的眼睛都已经弱化退化啦!

Wednesday, June 9, 2021

星期三

农历辛丑年·四月廿九

 观察之我见

春夏之交草木繁盛,食物也丰盛,这一时节是很多动物哺育幼崽的时节。哺乳期多数情况都是非常顺利,有时幼崽出现疾病,妈妈是不让兽医靠近的,这时就要经过一番斗智斗勇的过程。不过也有母性差的个体,如拒绝哺乳、食崽、弃崽等行为也会发生。如果动物妈妈不管自己的幼崽,我们的保育员就会想办法把幼崽接出来,进行人工哺育。根据各种动物乳质的营养特点选择相应的配方奶粉,这样我们的"奶爸""奶妈""狮姐""猴哥"也就产生了,白虎、非洲狮、长臂猿、赤猴等都有在育幼室里长大的经历。

《赤猴》张开诚画

Thursday, June 10, 2021

星期四

农历辛丑年·五月初一

 观察之我见

"安吉拉"和"大陆"是一对马来熊。马来熊胸部有"U"型的黄白色斑纹,所以也被叫做太阳熊,它也是唯一不冬眠的熊族动物。是熊家族中体型最小的成员。考虑到马来熊喜欢攀爬的习性,动物园还专门为它搭设了攀爬的木架,还有戏水的水池。

Friday, June 11, 2021

星期五

农历辛丑年·五月初二

观察之我见

孙瑜晨

　　别看豹猫身材仅比家猫大一点点,但它身上像豹一样的斑点显示着它的独特。豹猫在野外捕食啮齿类动物、鸟类甚至蛇类都不是问题。目前野生猫科总体的生存现状都十分堪忧,最大的问题就是栖息地破坏造成的食物短缺问题。猫科动物很傲娇,区别于犬科动物的集群生活,猫科动物确实有着与生俱来的骄傲和独立,所有日常搜索、猎捕等行为都必须单独完成。由于公路、水库等设施的建造,动物的栖息环境逐渐变得破碎化,没有足够广阔的区域进行食物搜索,对于猫科动物而言是致命的。

Saturday, June 12, 2021

星期六

农历辛丑年·五月初三

六月
12

观察之我见

金刚鹦鹉攀爬时是"嘴脚并用"的,鹦鹉的嘴巴强壮而又锋利,它们会在树干上咬出一个小坑用以借力,然后再用灵巧的双脚交替攀爬,非常类似于我们人类的攀岩活动。金刚鹦鹉的食物主要有籽实类食物,如花生、玉米,坚果如核桃一类的,还有苹果、香蕉、葡萄等水果。鹦鹉进食的时候两只脚有明确分工,一只脚抓住食物,另一只脚张开前后各两根的脚趾,将自己牢牢地固定在树枝上。

郑逸捷

Sunday, June 13, 2021

星期日

农历辛丑年·五月初四

 观察之我见

陈鹏晔

　　小熊猫宝宝出生了。有谁能猜到刚出生的宝宝毛发竟然是黑白两色的，跟长大后的棕红色截然不同。刚出生的小熊猫，除了吃就是睡。睡觉的时候很有意思，将头挨着尾巴环成个圈。

Monday, June 14, 2021

星期一

农历辛丑年·五月初五

六月
14
端午节

观察之我见

有些动物具有臭腺,当感到威胁时会喷出臭液,借此"熏跑"敌人。王锦蛇便有此功能,它们身上有种独特的臭腺,当感到威胁时会从肛门喷射臭液散发浓烈臭味,在敌人被臭得神志不清的短时间内乘机溜走。

凭借着这一招"臭味"走遍天下,它虽是无毒蛇却也无所畏惧了。

Tuesday, June 15, 2021

星期二

农历辛丑年・五月初六

徐佳蕊

一夫一妻制的东方白鹳是园子里的模范夫妻，生了宝宝，就夫妻俩同心协力把鸟宝宝一口口喂大。现在白鹳宝宝们已经离窝，除了一双大长腿还是粉红色之外，体型已与父母很接近了。白鹳爸爸还是单身汉的时候十分温柔，一旦当爹了，就变成一副凶神恶煞的样子，像是在站岗保卫家园呢！鸟妈妈每天带着宝宝练走路，鸟爸爸就一脸警惕，站在不远处放哨，要是有人离得近，马上大嘴啄了过来。

Wednesday, June 16, 2021

星期三
农历辛丑年·五月初七

观察之我见

进入黄梅季,连绵的雨倒还能忍受,闷热让这样的雨季变得黏黏的。在这时空气中的气味都能被敏感的捕捉到,似乎是闷热放大了气味。或许在动物园的个别区域,你会感觉气味挺重的。其实气味对于动物来说真是太重要了,比如很多动物通过尿来标记地盘领地,甚至利用臭腺作为防身武器,而动物妈妈们也会通过不断的舔舐动物宝宝标记上气味来辨认自己的孩子。

周梦涵画 妈妈的爱

周梦涵

六月
17

Thursday, June 17, 2021

星期四

农历辛丑年·五月初八

观察之我见

黑猩猩的聪明可是有科学依据的,它们与人类的基因相似度达到98%多哦。天天与它们亲近的保育员可是有亲身感受的。有一次保育员打扫卫生,在笼舍边上拿水管冲刷地面时,一不留神水管被隔着网在另一边的黑猩猩拽走了,原来黑猩猩一直在关注着水管,伺机而动。当黑猩猩拿到水管时第一反应竟是学着保育员冲水的样子,幸亏保育员及时关掉了水龙头。但它们还是不肯把水管还回来,硬要拽走,最后好不容易才用好吃的换回来了水管,像极了一个调皮的孩子。

Friday, June 18, 2021

星期五

农历辛丑年·五月初九

 观察之我见

现在动物园夜晚可以见到星星点点的萤火虫了。生活在繁华的都市中，夜晚满目灯光，路上刺眼的车灯、街边的路灯、商家闪烁的广告灯箱……连星光都是奢侈品，更不用说是萤火虫了。动物园夜色正好，宁静而自然，没有人工光线，只有月光、星光。夏夜中，萤火虫利用特有的闪光信号来定位并吸引异性，借此完成求偶交配及繁殖的使命。萤火虫只喜欢植被茂盛、水质干净、空气清新的自然环境，一旦环境被污染破坏，它们就会消失得无影无踪。因此凡是有萤火虫种群分布的地区，都是生态环境保护得比较好的地方。如果生态环境被人为破坏，萤火虫星星点点变少了。

张开诚

Saturday, June 19, 2021

星期六

农历辛丑年・五月初十

 观察之我见

黑叶猴宝宝四个月大了，出生时一身的橘黄色毛发已慢慢蜕变得与爸爸妈妈越来越像啦。身上的毛发已基本变黑，两颊长出的与爸爸妈妈一样的络腮胡子，只带着一点点黄色，神态与表情活脱脱跟爸爸妈妈一个样了。它们已不再总是依偎在妈妈怀里，开始学会自己去探索外面的世界了。

Sunday, June 20, 2021

星期日

农历辛丑年·五月十一

六月
20
父亲节

观察之我见

章亦寒

鸸鹋 章亦寒画

"父亲节"让我们先在动物世界中看看好爸爸的典范吧。鸸鹋，体型仅次于非洲鸵鸟。鸸鹋有3个脚趾，鸵鸟2个脚趾。同鸵鸟一样，鸸鹋不会飞，遇到危险立刻飞奔而逃。鸸鹋性情温顺，雌雄同色，雌性喉部有一喉囊，可发出"哼哼""咚咚"声。鸸鹋雌性产卵，而由雄性来孵化，孵化出来的雏鸟也是由鸸鹋爸爸来照料，鸸鹋可称为鸟类中的好爸爸哦。

六月
21
夏至

Monday, June 21, 2021

星期一
农历辛丑年·五月十二

观察之我见

太阳到达黄经90度,时间在6月21日或22日,此时太阳几乎直射北回归线,北半球白昼时间达到最长,这一天是夏至。传统启蒙儿童读物《幼学琼林》云:"夏至一阴生,是以天时渐短;冬至一阳生,是以日晷初长。"古时在夏至这一天也有测日影的习惯。

夏至物候:一候鹿角解,二候蝉始鸣,三候半夏生。古人认为,夏至日阴气渐生而阳气盛极始衰,所以属阳性的鹿角开始骨化;雄性知了在夏至后开始鼓腹而鸣;半夏是一种喜阴的中草药,在夏至后的沼泽地或水田中开始生长。由此可感受到夏至阳气盛极而衰阴气渐生,阳性生物开始衰退,喜阴生物开始出现。

此时草木繁茂至极,绣球花、石榴花、木槿花相继开放了。动物园里的动物们也感受到了暑气,工作人员开始为动物做好防暑降温工作。从展区内高大乔木的植物配置、喷淋设施及饲料配方、防暑食疗等各种方法应有尽有,为动物安然度夏做好充分准备。

Tuesday, June 22, 2021

星期二

农历辛丑年·五月十三

 观察之我见

陈若欣

在动物园里活泼的灵长类动物总是受到特别的关注,可很多人并不能分清猿与猴的区别,其实猿和猴在生物学上是不同的物种。"猿"一般指的是类人猿,包括黑猩猩、大猩猩、猩猩和长臂猿;而"猴"一般指的是原猴类、新世界猴和旧世界猴。如果仔细观察它们的尾部,你就会发现,猿与猴大不同!猴有尾巴,而猿没有。

Wednesday, June 23, 2021

星期三

农历辛丑年·五月十四

 观察之我见

一早,旋角羚们磨角霍霍,仿佛随时准备迎战。而这一群旋角羚中也有"王者",它的地位不容其他成员的质疑。它还通过拉便便来圈领地,贴近地面排起便便,这是"王的特权",只有"王"排便的姿势与众不同。一般的旋角羚不管是"二王"或"王后"及其他"妃子"排便的姿势都是边走边拉或站着不动地拉。"王"排便离地面很近,排出的大便不会到处滚动,而是形成一座"小山"状,很有规律,且排在其活动范围内的各方位,这一堆、那一堆,目的是划分确定"王的领地"。

"大王"不仅以便便来圈领地,而且时常用角磨蹭围墙、栏杆、草地等行为留下气味示威,警告"外来者"不准侵犯。

Thursday, June 24, 2021

星期四

农历辛丑年·五月十五

观察之我见

茅家埠水域发现一对赤颈鸭，在西湖很少见，一般只有在冬季来西湖越冬，而此次在繁殖期的6月出现在西湖，莫非它们打算留在西湖生儿育女了？一般情况赤颈鸭繁殖于东北，越冬于南方各省以及西藏南部、台湾和海南。迁徙时经过新疆、内蒙古、东北南部和华北一带。每年3月末至4月初从南方迁到华北和东北南部，4月中下旬到达东北北部，其中部分留下繁殖，部分继续北迁。秋季于9月末10月初从北部繁殖地迁到东北南部和华北一带，并陆续往南迁徙。迁徙时结成群，常排成一条线飞行。善游泳和潜水。高兴时常将尾翘起，头弯到胸部。飞行快而有力。有危险时能直接从水中或地上冲起，并发出叫声，响亮清脆。

Friday, June 25, 2021

星期五

农历辛丑年·五月十六

 观察之我见

朱梓涵

　　入夏后,大批新鲜瓜果上市,到了给动物们的食物做季节性调整的时间。"民以食为天"对于动物也是一样,饲料可是动物饲养的重中之重,调整饲料也需要经过专业技术人员的审核,根据动物营养与当前实际情况编制最适合动物的饲料配方。比如这时节会大量增加西瓜,取代部分胡萝卜,炎热的夏天增加水分含量极高的西瓜想来都是口齿留香的。

Saturday, June 26, 2021

星期六
农历辛丑年·五月十七

观察之我见

余朗熠

白颊长臂猿　余朗熠画

　　当第一缕曙光照亮夏季清晨，在动物园里总有特别嘹亮的歌声，这当中尤其特别的要数白颊长臂猿了。如果你早上来，就可以听到白颊长臂猿的引吭高歌，不仅有雄性的"独唱"、雌雄的"二重唱"，还有家庭成员的"大合唱"等多种形式。声调由低到高，清晰而高亢，几公里之外都能听到。这嘹亮的声音在我们以为是歌声，其实这是它们的一种习性，既是群体内相互联系、表达情感的信号，也是对外显示存在、防止入侵的手段。

Sunday, June 27, 2021

星期日

农历辛丑年·五月十八

六月
27

观察之我见

申模涛

  因生活在高山林区所以大熊猫怕热不怕冷。它们身上的毛比较粗,科学家研究显示大熊猫毛里面充塞的松泡髓质层也很厚,这就像良好的保温轻材料。而且它们身上所披的毛层又特别厚,再加上毛的表面还富含一些油脂,这些都强化了大熊猫身体保温的效应,使它们很抗寒,所以它们也从不冬眠哦。夏天大熊猫喜欢在内室享受空调的清凉。

Monday, June 28, 2021

星期一
农历辛丑年·五月十九

观察之我见

食草动物的应激反应可不小。应激反应,就是它们面对突发情况的能力,这时候也是考验胆量的时候。像食肉的兽类,或许是处于食物链的上端,似乎有种与生俱来的淡定,一般遇到危险情况,会做出攻击。而像食草动物似乎总是紧张警惕的状态,随时准备跑或躲。像食草动物中特别警惕的独行侠——鬣羚。如果一只鬣羚被从野外带到人工建造的饲养笼中,初始时,它在笼内会有非常激烈的行为,在笼内来回冲撞,上蹿下跳,笼中能破坏的,尽数破坏;性情无比刚烈,角撞断,头流血都不停止撞击。这时候人压根儿不能到笼内,否则有可能被它用角挑飞,或伤于蹄下。

Tuesday, June 29, 2021

星期二

农历辛丑年·五月二十

 观察之我见

　　毛冠鹿妈妈生宝宝了，浑身散发着母性的光辉，没生崽之前还允许人类接近，一生下幼崽之后就判若两鹿，变得警觉亦激动，生怕惊吓到它的宝贝。母性的泛滥也体现在无时无刻、无微不至对小鹿的照顾上。只要小毛冠鹿饿了或哪里不舒服了，妈妈就第一时间过去，或喂着奶，或捋着毛，不让小毛冠鹿有一丝不适或受到一点伤害。毛冠鹿母亲的照料不仅提供充足的奶水保证营养，也用自己的舌头舔遍小崽全身，促进排便。更是用自己的本就不大的身躯为小毛冠鹿挡风遮雨，确保其安全，呵护其成长，传递了母爱精神的伟大。

Wednesday, June 30, 2021

星期三
农历辛丑年·五月廿一

 观察之我见

詹芮涛

  凌霄是夏季杭州常见的花,于花架,于院墙,它们攀援而上,绿叶茂密花儿艳丽,夏日最耀眼莫过于它。红色的花,像喇叭一样开着小口直向着高高的天空,仿佛凌然地傲立而上。"我如果爱你,绝不像攀援的凌霄花,借你的高枝炫耀自己。"这不过是诗人借凌霄表达不想攀附想要独立的渴望,而本然的它是那么美丽,夏日里不可或缺的盛景。

Thursday, July 1, 2021

星期四

农历辛丑年·五月廿二

七月
1
建党节

观察之我见

张一潇

别看亚洲象皮糙肉厚,可它们是既怕热又怕冷。它们的老家属于热带地区,常年四季如春,所以在杭州寒冷的冬天它们可受不了。我们一般会格外注意保暖,在内室给它们配备保暖设备,保障它们安全过冬。到了夏天,它们也是怕热的家伙,外场的水池就会供它们玩乐,水浴、沙浴、泥浴都是它们降温的方式,不仅如此,通过洗浴还能驱除身上的寄生虫,它们非常享受这样的玩耍。来动物园你可不要错过,可以一睹它们贪玩的模样哦!

Friday, July 2, 2021

星期五

农历辛丑年·五月廿三

 观察之我见

金鱼馆后场有成排的四方水池,夏季炎热需要在水池上方盖上遮阴的芦苇席,以防烈日暴晒之后水温升高导致的鱼生病。尽管换水时用的是沉淀过多日已除氯的水,但水的折射加上阳光长时间暴晒会造成鱼的焦尾病。本着疾病重在预防的原则,做好遮阴防护是十分必要的。

黄洛研

Saturday, July 3, 2021

星期六

农历辛丑年·五月廿四

观察之我见

周乐之

今年新生的东方白鹳已经可以跟随妈妈活动了,虽然还是非常依恋爸爸妈妈,但还是不时用嘴去寻找食物,已经慢慢开始独立生活啦。东方白鹳属于晚成鸟,刚孵化出来时是光秃秃没有毛的,因为妈妈会一直用温暖的大翅膀给予它温暖与呵护,所以呢一般你也看不到光秃秃的它们。慢慢它开始有了灰色的短毛,毛色逐渐斑驳后再长出白色的羽毛,等到黑白羽色分明的时候已经将近一个半月了。

Sunday, July 4, 2021

星期日

农历辛丑年·五月廿五

 观察之我见

楼瑜昕

我们都知道长颈鹿有长长的脖子,是现生陆地上最高的动物。借助长脖子,它们可以取食高大树木的叶子。和长颈鹿做邻居是什么感觉?仰望、羡慕……还有就是欣喜,能和高高的长颈鹿做邻居,真是荣幸!长颈鹿个子高,视野更广阔,是活的"瞭望台",可以轻松看到远处的动静,可以更早地发现天敌比如非洲狮,这样就能更早地做好准备,逃脱危险。长颈、长腿配上长尾巴,长颈鹿走路的姿势特别优雅,俯视其他动物,颇具食草动物的王者风范。

Monday, July 5, 2021

星期一

农历辛丑年·五月廿六

 观察之我见

入夏之后天气越来越炎热了，大熊猫清晨一般会在户外场地活动一下，之后就会整天"宅"在空调房间内。为了让它们在室内不孤单无聊，保育员特意在内展厅挂起了红色的圆球。球上有好几个洞，称之为"漏食球"，并在里面藏一些竹笋，大熊猫凭借它们灵敏的嗅觉发现球里的竹笋，然后使用它们灵活的前掌拨动漏食球，里面的竹笋就会哗啦啦掉下来，供它们美美地享用。漏食球不仅可以丰富大熊猫的日常生活，还可以锻炼它们前掌的灵活性和后肢的力量。

黄一诺

Tuesday, July 6, 2021

星期二

农历辛丑年 · 五月廿七

 观察之我见

常睿珊

  阳光灿烂的夏季，那种明亮亮的阳光照射下的一切都带着光芒，正是欣赏斑马的好时节，虽然我们肉眼看过去每只斑马都是黑白条纹，但其实每只斑马的条纹都是独一无二的，像我们的指纹一样。它们的条纹有粗有细，有深有浅，是彼此之间相互识别的身份证。除此之外，还具有保护作用。斑马生活在草原或林地中，远远望去森林中树木众多，那斑马身上黑白相间的条纹，刚好就起到了隐蔽、保护色的作用，能使斑马更好地隐藏自己，不容易被其他猛兽发现。此外，在野外蚊虫众多，叮咬吸血可传播疾病，蚊子、苍蝇的复眼十分发达，但是当阳光照射在斑马黑白条纹的皮肤上时，会有散射的作用，使得蚊蝇眼中斑马的轮廓十分模糊，从而使得它们不太能够清楚的辨别斑马的位置，也就减少了蚊虫的叮咬，保证了斑马的安全。

Wednesday, July 7, 2021

星期三
农历辛丑年·五月廿八

七月
7
小暑

观察之我见

太阳到达黄经105度，时间在7月7日至8日，为小暑节气。《月令七十二候季解》云："六月节……暑，热也，就热之中分为大小，月初为小，月中为大，今则热气犹小也。"小暑是炎热的开始，大暑为最热时期。民间有"小暑大暑，上蒸下煮"形容热的感觉。

骆汐

古人观察小暑物候：一候温风至，二候蟋蟀居宇，三候鹰始鸷。是说在小暑节气里大地上感受不到凉风，风里都夹带着热浪。而因为炎热，蟋蟀离开暴晒的田野，选择到庭院墙角以避暑热；鹰选择在清凉高空活动。

小暑节气中，凌霄花、荷花、紫薇等相继盛开。对于亚洲象"诺诺"来说，夏天解暑的方式还挺多，它可以用长鼻子将沙子高高扬起洒在身上防晒，也会把自己泡在水池中享受清凉。

Thursday, July 8, 2021

星期四

农历辛丑年・五月廿九

观察之我见

袋鼠喜欢选择在晴好的日子才会到户外悠闲地躺卧。袋鼠可真是弹跳冠军,这也得益于它们又粗又长的尾巴,长满了肌肉。它既能在袋鼠休息时支撑袋鼠的身体,又能在袋鼠跳跃时帮助袋鼠跳得更快、更远。一旦遇到紧急情况,袋鼠在尾巴的助力下能跳出10多米远。

Friday, July 9, 2021

星期五

农历辛丑年·五月三十

观察之我见

《针尾鸭》章沐晗

章沐晗

  黄金蟒的蛋宝宝经过两个多月的孵化，终于破壳而出！这些刚刚来到世界上的金灿灿小家伙都有哪些生活习性呢？一起来瞧瞧吧！保育员给新出生的黄金蟒宝宝分配了单间，每个单间都标配：有一个抽屉式整理盒、一张尿垫、一个大水盆、一根温度计就可以满足幼蛇的生活要求啦。有人可能会问，为什么要把它们兄弟姐妹分开呢？生活环境也太单调了吧！其实不然，我们知道蛇类基本都是独行侠，除了繁殖季节基本都是单独行动的，单间饲养加上整洁的饲养环境有助于保育员观察记录每条幼蛇的生长状况，放置尿垫也是为了能够方便清理幼蛇的便便。

Saturday, July 10, 2021

星期六

农历辛丑年·六月初一

 观察之我见

很多人会好奇,为什么黄金蟒宝宝那么小的"房间"要放那么大的水盆?水盆不光是给幼蛇提供饮水,还是泡澡用的,所以必须足够大,大到它可以整个泡进去。这点在蜕皮时尤为重要,黄金蟒在蜕皮时通常会整天泡在水里。水盆要保持清洁,每周进行清洁,以防止滋生细菌或寄生虫。同时水盆也可以用来调节箱内的湿度。

另外,新出生的蛇宝宝是不能马上进食的,要等待一到两周,幼蛇第一次蜕皮以后才可以开食。在这段时间里,幼蛇依赖自身的卵黄来生长,此后就可以给小蟒蛇喂乳鼠了。

Sunday, July 11, 2021

星期日

农历辛丑年·六月初二

陈睿

　　进入夏季也进入了鹰嘴龟的繁殖季节,它们多次产卵,每次产卵六七枚,借助温暖的日光与土壤来孵化。鹰嘴龟,又名平胸龟、大头龟,主要分布在我国南方地区,颜色有棕色、黑色、墨绿色等。它们最明显的特点是头大尾长:头部呈三角形,接近背甲长度的一半,并且覆盖大块的角质硬壳,无法缩进壳内,上喙钩状似鹰嘴;尾巴和背甲等长甚至超过背甲的长度,覆盖环状短鳞片。鹰嘴龟是神话传说中旋龟的原型,性格凶猛,以肉类为食。鹰嘴龟繁殖难度大,野外种群已濒临灭绝,被列入中国红色动物名录(CR)和CITES附录Ⅰ。

Monday, July 12, 2021

星期一

农历辛丑年·六月初三

观察之我见

长颈鹿的脖子很长，大概有2.5米。可你知道长颈鹿脖子为什么会这么长吗？这其实是自然选择的结果。它的祖先并不高，主要靠吃草为生。后来，自然条件发生变化，地上的草变得稀少，又有其他动物的竞争，生存环境变得恶劣。脖子较长的个体因为可以吃到高大树木的树叶得以生存，而脖子短的则因为食物不足而灭绝。这样一代代进化，就产生了脖子很长的长颈鹿。

于佑希

Tuesday, July 13, 2021

星期二
农历辛丑年·六月初四

七月
13

  观察之我见

　　长颈鹿是动物园里的高个明星，它们具有脖子长、腿长、舌头长的特点。尽管长颈鹿的脖子很长，但它和其他哺乳动物的脖子椎骨同样只有7块，只是它们的每块椎骨都较长而已。长颈鹿脖子那么长，有什么作用呢？除了使它能够吃到树叶之外，长长的脖子也有助于它及时发现远处的危险情况，起到警戒的作用。还有一个作用就是——打架。长颈鹿之间的较量，大多是用脖子搏斗，搏斗结果可以是致命的，但很少会到这种地步。脖子越长，头越重，搏击的时候力量也越强。搏斗能力越强的雄长颈鹿越容易获得与雌长颈鹿交配的机会。

Wednesday, July 14, 2021

星期三

农历辛丑年·六月初五

观察之我见

长颈鹿舌头也特别长,有40~50厘米长,相当于一位成年人胳膊的长度。它那青紫色的舌头长而灵活,能轻巧地避开障碍,吃到隐藏在里层的嫩叶,而且舌头上有角质层,能够防止被树叶、树枝刺伤。对于不同的树枝,它还有不同的吃法:如果一根树枝上只有三三两两零星的树叶,它会咬住树叶然后扯断;如果整条树枝上树叶比较多,它就会用舌头卷住树枝的基部,然后一扭头,树叶就被捋光光啦,干净利落,非常高效。

Thursday, July 15, 2021

星期四

农历辛丑年·六月初六

观察之我见

长颈鹿有着修长的腿,那优雅的姿态可以称冠动物园,可也有很多不便。大家能想象一下长颈鹿是怎么喝水的么?它们要尽可能叉开前腿或跪在地上才能喝到水,而且在喝水时十分容易受到其他动物的攻击,所以群居的长颈鹿往往不会一起喝水。同样,睡觉也是,长颈鹿也需要躺着睡觉,但躺下以后起立缓慢,对于它来说危险性也很高,所以在野外长颈鹿大多是站着假寐,一天睡觉时间最多不超过2小时。当然在动物园里安全的环境下可就不一样啦!它们躺下睡觉的时间会长些。

周子涵

Friday, July 16, 2021

星期五

农历辛丑年·六月初七

 观察之我见

马清臣

　　说到吃，大家知道什么是反刍动物吗？我们常见的家畜里，牛、羊都是反刍动物，它们会把吃到胃里的食物再回吐到嘴中咀嚼。再看看我们的长颈鹿，明明没有采食，嘴里却经常嚼着什么，这是为什么呢？没错，长颈鹿也是反刍动物哦！细心观察你就会发现，经常有一大团隆起沿着它的长脖子一路逆行而上到达嘴里，它就又开始咀嚼了，这就是在反刍呢！

七月
17

Saturday, July 17, 2021

星期六
农历辛丑年·六月初八

 观察之我见

动物园内每个动物展区的工作都会围绕动物丰容展开。今天工作人员联合园林工人一起将大树段、树枝搬运到鹦鹉广场，动物保育员们齐出力，高温天下，大伙的衣服不一会儿就湿透了！

徐睿锶

修剪的这棵樟树曾出现过虫害，经专家会诊治疗，局部还是出现枯死现象，为保障树下行人安全，也为让大树重新焕发活力。经大家商量，决定将枯死的树段锯下进行再利用，锯下的树干正好是绝佳的动物丰容材料。

Sunday, July 18, 2021

星期日

农历辛丑年·六月初九

 观察之我见

鹦鹉展区内,保育员在树上绕了些金属丝,巧妙地把金黄的玉米、多彩的水果、磨嘴的墨鱼骨玩具都挂在了高高的树枝上。在一片绿色背景衬托下就俨然一棵长满果实的树,在太阳光下闪闪发光,格外耀眼。这些丰容制作背后更需要考虑到场馆的条件与动物的习性,作为攀禽又是体型最大的鹦鹉——金刚鹦鹉大部分时间都喜欢在树上攀爬活动。其实鹦鹉广场原有的栖架也很多,保育员们不断在增加它们的空中通道,变着法子做丰容,比如挂满了红果子的竹子,装满坚果的漏食球以及远处的白色PVC管道则是不同类型的取食器。而这次的樟树干丰容大大增加了鹦鹉们的活动空间,粗粗的大树干用来搭建鹦鹉攀爬通道,细一些的树杈进行加固做成了直立的两棵树,观赏效果自然,且提高了有限展示空间利用率。丰容是个需要不断变化的动态过程,让鹦鹉每天都有新鲜感!

Monday, July 19, 2021

星期一

农历辛丑年·六月初十

七月
19

 观察之我见

杭州动物园游禽湖开展"五水共治"工作,除了前期辛勤的建设者和后期不懈的管理者,还有一群默默守护的天使,她们身着白大褂,手持检测仪,这群神秘而可爱的人就是我们的水质检测官——化验员,微生物测定、溶解氧检测,透过各项指标来查看水质情况。这样的检测每个月都要进行一次,也正是化验员的默默守护,让园区各个管理者可以对症下药,通过改变饲料喂养方式、补水换水、清淤打捞、种植水生植物等措施,一起努力为动物们打造舒适的水环境,为动物提供健康的栖息环境,为游客提供一个良好的观赏环境。

胡语莫

Tuesday, July 20, 2021

星期二

农历辛丑年·六月十一

观察之我见

哈喽，大家好，我是今天的主人公金钱豹，国家一级重点保护野生动物。

我呢，天生丽质，颜值爆表，这完全得益于我苗条的身材、漂亮的衣服、小小的脸蛋、迷人的大眼睛和洁白威武的胡须！年轻的我们身材都很好，体态均匀，肌肉紧实，当然怀孕的和产后的母豹除外哦！俗话说得好，人靠衣装马靠鞍，我们一般都是浅土黄色的皮毛打底，密布许多圆形或椭圆形黑褐色斑点或斑环，这些环斑很像古钱币，这也就是我们名字的由来。因为服饰的经典，豹纹成为时尚界不可或缺的代名词。别以为我们穿的衣服都是一模一样的，哼哼哼！如果这样认为的话那你们可是外行了哈。每只豹的衣服都是独一无二的，和你们人类的指纹一样哦！凭借花纹可以区分不同的个体，在野外考察时专家就是通过这种方法来区分个体的哦！

Wednesday, July 21, 2021

星期三

农历辛丑年·六月十二

七月
21

 观察之我见

金钱豹的胡须是白色的,一般长11厘米左右。这么长的胡须长在小小的下巴上,再配上锋利洁白的牙齿,凶起来十分威武霸气!如果健康的话,那么胡须是又白又尖又长的;如果你发现一只猫科动物的胡须枯黄、弯曲的话,那么它可能是营养不良或者毛囊受损或者它已经步入老年了。金钱豹的胡须可有着重要作用,胡须上分布了一些感官细胞,能感受到外界微小气流的变化。这对于捕猎来说太重要了,只要有些风吹草动,都逃不过它们的胡须。

Thursday, July 22, 2021

星期四
农历辛丑年・六月十三

七月
大暑
22

观察之我见

太阳到达黄经120度,时间在7月22日至24日,到了大暑节气。《月令七十二候集解》云:"六月中,解见小暑。"《孝经援神契》:"小暑后十五日斗指未为大暑,六月中。小大者,就极热之中,分为大小,初后为小,望后为大也。"这一时节气温达到一年中最高,高温天气持续。古人观察到大暑物候是:一候腐草为萤,二候土润溽暑,三候大雨时行。意思是产卵在枯草之上的萤火虫已出卵成长;天气闷热,土地也很潮湿;常伴有大雷雨出现。

王思程

大暑节气里萱草花、彼岸花、凤仙花、美人蕉开始开放了,天气酷热,与其总是在空调房间内,不如去享受自然的夏夜,星辰璀璨,晚风轻拂,昆虫们在静夜中忙碌,还有萤火虫星星点点在舞动。

Friday, July 23, 2021

星期五
农历辛丑年·六月十四

 观察之我见

大暑过后,气温确实热到了极点,但这并不妨碍鹦鹉广场里金刚鹦鹉们的活跃姿态。这里展示着红绿金刚鹦鹉和蓝黄金刚鹦鹉。你从颜色上就能轻松把它们区分出来。金刚鹦鹉之所以有金刚的美名也是和它们硕大而且坚硬的嘴巴密不可分的。拥有很强咬合力的嘴巴能够轻易打开坚硬的坚果。给金刚鹦鹉的食物非常丰富,有玉米、瓜子、花生和各类坚果,种类繁多的水果和蔬菜如葡萄、香蕉、苹果、胡萝卜、青椒等。营养全面的食物保持了金刚鹦鹉身上羽毛的光泽和鲜艳。保育员为了让这群体色艳丽有着南美风情的大鸟能有充分的挑战空间,也花了很多心思做了取食器。把食物藏在取食器中遍布在展区里,给它们的进食增加一些难度,金刚鹦鹉就需要多多行动起来去自己"谋取"食物了。保育员还在鹦鹉的行为训练中花了很多心思,训练它们放飞、定位、称重,简直像个小课堂!

七月
24

Saturday, July 24, 2021

星期六
农历辛丑年·六月十五

观察之我见

在西湖风景名胜区的很多水面上，都能看到小䴙（pì）䴘（tī）。瞧，一对小䴙䴘夫妇正在悉心地照顾刚刚出生的宝宝们，鸟妈趴在窝里，幼鸟则躲在鸟妈羽下，探出头来等待爸爸归来。一会儿，鸟爸叼着鱼儿回来了，鸟宝宝们立即都张着嘴巴伸出了头。"都有，都有"，鸟爸对鸟宝宝说，此时鸟妈接过食物啄碎了喂给它们。这窝鸟宝宝共有4只。幼鸟出生后生长很快，在接下来的短短几个月时间就可以长成和它们的父母差不多大了，到了年底就无法分清它们了。小䴙䴘在西湖为留鸟，一年四季均可见。每年的三月至七月份为小䴙䴘的繁殖期，雌雄共同完成筑巢、孵化、育雏等繁殖任务。小䴙䴘，俗称小水鸭、水葫芦。体小，脚趾两侧具瓣蹼，平时栖息于水草丛生的湖泊、江河、水库、沼泽地等水域，以小鱼、虾、昆虫等为食。擅游泳和潜水，不擅飞翔。

Sunday, July 25, 2021

星期日

农历辛丑年·六月十六

 观察之我见

新生的东方白鹳已经出落得亭亭玉立了，小白鹳比父母小了一号。怎么来区分小白鹳呢？看上去白白的，红色的脚颜色偏淡。

Monday, July 26, 2021

星期一

农历辛丑年·六月十七

  观察之我见

陈蕴之

夏季当第一缕阳光在树梢上跳跃,总让你想到灵动的小鹿。除了梅花鹿之外,你还能在食草区看到黑麂和毛冠鹿。要想区分它们还真不容易哦。毛冠鹿的毛发是冠状的,就是看上去理得比较整齐。因为身上的颜色,虽然有人叫它黑鹿、青鹿,但是总体来说毛色还是偏暗褐色或者青灰色,耳朵内侧还有些白毛。而黑麂有个名字又叫蓬头麂,就是说它头顶上的毛很有特色,比较蓬,甚至有时会遮住耳朵。而且毛色比较艳,像是染了金黄毛一样,也有人喊它红头麂,而且从背后看,也有个好分辨的地方,就是黑麂的尾巴算是比较长的。

Tuesday, July 27, 2021

星期二

农历辛丑年·六月十八

七月
27

 观察之我见

黑猩猩和小孩子一样，充满着好奇心，时刻都精力充沛。为了满足它们的好奇心，给它们发泄精力，动物园会给黑猩猩提供一些玩具，比如放着食物的吊桶、管子，馆舍内的吊床和各种爬架等，还在黑猩猩的房子里安装了一面金属哈哈镜，让黑猩猩能照镜子。镜子是常用的感官丰容工具，聪明的黑猩猩能辨认出镜子中的自己，并不会把镜子中的影像当成敌人或者玩伴。照镜子能刺激黑猩猩的大脑，给它们带来新奇的体验。

Wednesday, July 28, 2021

星期三
农历辛丑年·六月十九

七月
28

 观察之我见

今天我们要讲的是这只孤独的王者——东南亚虎的故事。这只东南亚虎，雄性，大家都叫它"汉森"。"汉森"于1998年1月27日出生于新加坡动物园，于2001年11月20日与一只雌性东南亚虎"索尼娅"同时来到杭州动物园。两头虎成年后，杭州动物园试着让它们"圆房"，但由于性格不合，彼此看不上，最终只能隔离饲养，无法繁殖后代。（小编插话：虎择偶可是很挑剔的哦，自带王者气度。）"索尼娅"孤傲一生，于2013年9月19日离世，一生均未与"汉森"琴瑟和谐，"汉森"茕茕孑立，形影相吊，于2020年1月以23岁的高龄安然离开。

Thursday, July 29, 2021

星期四

农历辛丑年·六月二十

观察之我见

张丝媛

今天是"全球老虎日"。虎是独居动物,除繁殖季节以外都是单独活动,也没有固定的巢穴,是典型的山林栖息动物。作为肉食动物,虎通常都在山林间游荡觅食,一般黄昏时活动频繁,白天则多潜伏休息。虎的活动范围很大,在北方每日寻食活动范围可达数十公里,在南方热带地区由于食物相对丰富,则活动距离稍短一些。随着社会生产的进步与人口数量的激增,人类的居住区与野生虎生存区有了更多重叠,虎猎杀家畜、意外伤人、发生食人现象等人虎冲突也越来越多,这种冲突对虎的生存造成了极大的威胁。

Friday, July 30, 2021

星期五

农历辛丑年·六月廿一

 观察之我见

2019年，非洲狮"芝芝"和"豪豪"迎来了它们的新宝宝，可惜的是幼崽出生的第二天，妈妈就弃崽了。

为了让狮宝宝能够健康长大，保育员们开始了奶爸奶妈生涯。在保育员的精心照顾下，小狮子渐渐长大，从最初每次只能勉强喝10毫升奶，到后来能一下喝掉150毫升；从刚出生的体重不到一斤，到如今吹气球般接近九斤重。短短两月，小狮子出落得越来越有模样了。娇俏可爱，活泼好动。现在小家伙已经开始尝试进食肉泥了，飞速成长，基本上是一天一个样儿。炎炎夏日，但是保育员们从未叫苦，欣慰地看着小狮子王成长。

Saturday, July 31, 2021

星期六

农历辛丑年·六月廿二

七月
31

 观察之我见

三个月大的松鼠猴宝宝，在妈妈的哺育呵护下，已经学了很多技能，加之与生俱来的攀爬能力，小松鼠猴已经长到妈妈一半的体型了，能偶尔独立觅食、活动了。它们特别活泼，一会儿爬到妈妈背上，一会儿又被吸引着跑去抓取食物。

谢宜杭

Sunday, August 1, 2021

星期日

农历辛丑年·六月廿三

八月
1
建军节

观察之我见

易泽蔚

  酷暑时节,"高山隐士"大熊猫早早住上了空调套间,在野外它们居住在高山之上,在动物园它们一早外出嬉戏,当太阳高照就回到空调间内抱着竹子享受清凉,真乃"猫生"一大乐事!

  棕熊和黑熊常在水里扑腾,扑腾够了还能偶尔吃上特制的水果"雪糕"呢,工作人员为了它们专门把西瓜、胡萝卜等多种水果冻在冰块内,要吃到诱人的水果可还需要很大的耐心呢!

Monday, August 2, 2021

星期一
农历辛丑年·六月廿四

 观察之我见

炎热酷暑，清甜爽口的水果是很多动物的每日必需。除了每天消耗三百余斤的水果外，很多动物还喝上了金银花露。来珍猴房你可以看到水雾弥漫里金丝猴们正享受水果大餐，工作人员专门为它们打造了防暑喷淋设施，营造了水帘洞一样的奇幻效果。

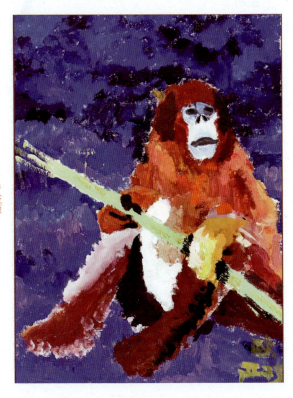

严瑾颐

鸟类们住进了具有遮阴防护网的空旷房间，羊驼一家子在夏日来临前还享受到了特殊的造型设计，把全身的长毛剪短，当然还为它们留下了酷酷的刘海，以便它们还能时不时的甩甩刘海，装装萌！

八月 3

Tuesday, August 3, 2021

星期二

农历辛丑年·六月廿五

观察之我见

看亚洲象解暑防虫有妙招！亚洲象不仅爱水浴，也爱泥沙浴。说起泥沙浴，那可是好处良多啊！亚洲象通过在泥沙中翻滚，让泥沙进入皮肤裂纹中，晒干后抖掉泥沙，就这样把寄生虫抖落啦。泥沙蒸发时散去的热量还能起到降温作用呐！

杭州动物园的亚洲象保育员早早为它们准备了泥沙坑。看它们在沙坑里翻滚享受的样子，真是让人羡慕不已啊！亚洲象"诺诺"正嗨翻天，它喜欢先在水池中泡个澡，用长鼻子喷淋一番，然后在沙池中用长鼻子把沙子卷起来洒满全身，或者在沙池中挖个坑，半躺在沙堆里享受阳光。

Wednesday, August 4, 2021

星期三

农历辛丑年·六月廿六

 观察之我见

郑媛元

炎炎夏日,除了冰西瓜,最受欢迎的就是绿豆棒冰了!绿豆不仅清热降火,其淡淡甜香也十分得人心。鉴于之前"水果冰"在猴房大受欢迎,今年保育员又出妙招,让动物们也尝尝特制的"绿豆棒冰"。饲料间按照动物饲料配方烧煮绿豆汤,煮好后放至没有热气,再装入透明塑料瓶内摇晃均匀,放置于冰箱内冰冻1天以上,才能献给各位动物小主!看似简单的制作,其对于材料的把握却十分重要,按照动物们平时的饮食习惯,真正做到"无任何食品添加剂",各位动物小主可以任性食用,不用担心发胖哦!

Thursday, August 5, 2021

星期四
农历辛丑年·六月廿七

 观察之我见

动物园高规格的避暑设备——大小熊猫的空调、珍猴房的遮阳布、特殊风道等均已加入"动物园防暑降温豪华套餐"。今年,喷淋迎来版本大更新——降温喷雾2.0版!精致喷口将凉凉的清水呈细密雾状喷出,轻飘飘散开在空中。羚袋馆的驼羊"女士"俨然将这道细腻的水雾作为"美肤神器",在草棚的荫庇下一站便是大半天。瞧着动物们在烈日酷烤下还能"嘚瑟"的模样,保育员们露出了微笑。空调、风扇、喷雾、喷淋、风道……这些防暑降温的设备、设施都是保育员们在年复一年的工作中积累下来的"避暑凉方",目的就是在杭城入伏之际可以迅速开启"避暑模式",确保动物们不被夏日的烈阳和高温困扰。而从最初的放置冰块到随后的冰镇水果,再到现在的夏日特供"水果冰""绿豆棒冰",虽然制作过程并不复杂,但保育员机智地将食材放置在透明瓶中,再通过冰冻的方式,增加了动物的取食难度,以此丰富其探索环境的行为。

Friday, August 6, 2021

星期五

农历辛丑年·六月廿八

 观察之我见

　　园里生活着的花冠皱盔犀鸟，尽管没有丝毫的血缘关系，但却非常的团结友爱，相互帮助。其中一只犀鸟有些腼腆，时常躲在树丛的后面。这时，有趣的一幕出现了，另一只犀鸟转过头，不时用眼睛瞄瞄对方，似乎在向它打招呼。看到它酷酷的丝毫不为所动的样子，犀鸟又在食盆里叼起了一块窝窝头，转过头来，示意请对方吃。似乎在说，你累了吧，那就先吃点东西吧！盛情的邀请终于打动对方转过头来，似乎在表达感谢之意呢。情意浓浓的场面让人回味无穷。

Saturday, August 7, 2021

星期六
农历辛丑年·六月廿九

八月
7
立秋

 观察之我见

太阳到达黄经135度,时间在8月7日至9日,到了立秋节气。这是秋天的第一个节气。夏天的暑气在此时仍有感觉,天气依然很炎热,立秋只是宣告了秋天的来临。

立秋物候:一候凉风至,二候白露生,三候寒蝉鸣。立秋之风风向有所变化,此时的风已不同于盛夏酷暑的热风。白天依旧酷热,夜晚的凉风与之形成昼夜温差,温差的增大使空气中的水蒸气凝而成露,清晨植物上出现晶莹露水;寒蝉开始鸣叫了,它较普通的蝉个头小,叫声略低。

立秋节气里,葵花正盛开,构树的果子开始变红。秋字由禾与火组成,表示禾谷成熟丰收之意。立秋之后很多农作物开始成熟,预示着收获季节的到来。

立秋节气尽管暑气尤烈依旧,还是感受到了秋气,秋气是阴盛衰杀之气,草木感受到这气开始走向成熟与衰枯。"见一叶落而知岁之将暮"一叶知秋就是来得如此突然。动物们也敏锐地感受到了这秋气,慢慢将夏毛更换掉,一切都悄无声息地进行。猫科动物的食量也开始增加,似乎是"贴秋膘"的征兆。

Sunday, August 8, 2021

星期日

农历辛丑年·七月初一

 观察之我见

亚洲象在夏天可有口福了，它们吃着来自饲料基地新鲜美味的特供青饲料。为了调节口味，平衡营养，工作人员特地种了好几种不同植物，玉米秆、高丹草、蒲公英等都是它们喜爱的食物。玉米秆和蒲公英大家都很熟悉了，高丹草是高粱和苏丹草的杂交品种，一年可以收割多次，主要吃的是叶和杆等部位。高丹草的产量极高，且草中粗蛋白含量丰富，鲜吃营养价值较高。

詹旭韬

大象们非常喜爱这些新鲜食材。公象"诺诺"还会利用它威武的象牙和长鼻子对食材进行精处理，这位大"吃货"会将自己喜欢吃的叶子用象鼻卷起来，理一理，塞在牙齿和鼻子间的缝隙里，攒足一定量之后再用鼻子卷起来，一口塞进大嘴。相比霸气豪放的"诺诺"，母象则要文雅多了，默默地在边上理好一束束草，然后慢条斯理地咀嚼，彰显高雅气质。

Monday, August 9, 2021

星期一

农历辛丑年·七月初二

 观察之我见

赵稚瑄

烈日炎炎之下，亚洲象还在外场嗨翻天。泡在水池里，长鼻子喷着水。它身上最吸引你的或许是它灵活的大鼻子。它们的鼻子实际上是鼻子和上唇的延长体，象鼻中没有骨头，而是由4万多条肌纤维组成，里面有丰富的神经系统。鼻腔内有7片鼻甲骨（狗只有5片鼻甲骨），鼻甲骨上生有极其灵敏、专用于嗅闻的感觉组织，因此大象的嗅觉十分灵敏。象鼻子的一个基本作用是用来取食和吸水。

Tuesday, August 10, 2021

星期二

农历辛丑年·七月初三

观察之我见

你们一定都知道大象怎么取食,用鼻子直接把食物卷起,放入嘴中,这是最常规的取食方式。但是大象怎么喝水呢?当大象想要饮水的时候,它就用鼻子将水吸到鼻管里,然后输送到嘴里。象鼻子还可用作伸缩式淋浴头,大象利用它将水喷洒到自己的后背上。科学家曾经做过实验,象鼻每次的最大吸水量可达12升。鼻尖是大象最敏感的部位,就像大象的"手",能从事最复杂、最精巧的工作,其灵敏程度丝毫不亚于人的手指。原因就在于鼻子的顶端有一个像手指一样的突起物,集中了丰富的神经细胞。这样的突起,非洲象有两个,而亚洲象只有一个,我们亚洲象"诺诺"鼻尖的突起比较明显,如果看到"诺诺",你们可以仔细观察一下哦。

刘承昊

Wednesday, August 11, 2021

星期三
农历辛丑年·七月初四

观察之我见

长鼻子也是大象相互交流问候的工具。它们智商和情商都很高,当两头大象相遇时,一头会用它的鼻子触摸另一头的脸颊,或者相互将鼻子缠绕在一起。这种"握鼻"行为相当于人类的握手礼节,而且与人类握手行为具有相同的作用,用来问候和让对方放心。握鼻行为还可能是大象相互之间测试对方力量的一种方法。

Thursday, August 12, 2021

星期四
农历辛丑年·七月初五

 观察之我见

张一潇

今天是"世界大象日",在这特别的日子让我们来认识一下动物园的动物明星——亚洲象"诺诺"。它可是正值壮年的帅气爸爸,高大强壮有力量,已俘获不少爱慕者,它已有了5个后代。它总是那么的特立独行,每次取食前总是用长鼻子悠闲淡定地将草料卷起来,敲打甩掉细碎的小草段,将长长的草料塞在左侧长牙的底部,然后再开始慢慢享受美食!从这样的小动作里你就知道它有多臭美了吧,它应该是知道自己有多帅气的,所以总是那么傲娇地展示它的魅力!

八月
13

Friday, August 13, 2021

星期五
农历辛丑年·七月初六

 观察之我见

刚满两个月的小豹，身上还有很多茸毛，皮毛颜色比妈妈颜色深一点，圆滚滚、肉嘟嘟的，水灵灵的大眼睛一眨一眨，真是萌化了！没满月时我们基本看不到它，因为大部分时间它都在睡觉、喝奶；满月之后它立刻变顽皮了，对于这个美丽的世界充满了好奇，到处溜达，学习生存技能，练习跳跃能力、爬假山、走高枝，还时不时去跟妈妈玩耍！

陈路铭

Saturday, August 14, 2021

星期六

农历辛丑年·七月初七

观察之我见

张宸逸

　　平时，金钱豹基本都在外场休息，除非遇到极端恶劣的天气。比如连续38度的高温，或者台风、暴雨之类的恶劣天气。如果你来动物园看不到它们，那是因为它们善于躲避，经常躲在山洞里露个头或者尾巴给你们看看；或者直接睡在高高的平台或者假山上，享受属于自己的安静。因为它们总是喜欢独居，请游客们来看它们的时候不要总是拍打玻璃，真的很不礼貌。这种声音有时候让它们很烦躁，就像总是有人拍家门一样的感受！

Sunday, August 15, 2021

星期日

农历辛丑年·七月初八

 观察之我见

夜鹭停在树枝上，如果想要看到一群夜鹭，可到西湖边，在动物园里不经意间你也会看到。目前夜鹭种群是西湖里最大的（优势种），估计有六七百只，大部分住在西湖西面茅家埠的"鹭岛"上。说起夜鹭，有人就会问，是不是身子粗胖，短脖子，尖细嘴，叫声单调粗犷的那个家伙？确实是！经常有夜鹭从林间成群飞起，外出觅食或空中翱翔，西湖上空就会出现"千鹭腾空"的壮观场面，这也是它们喜爱集群活动的特征。每年春夏时节，是它们最繁忙的季节，夜鹭们要在此完成求偶、配对、筑巢、生儿育女、哺育后代的艰巨任务。在八月中旬这一时节，尽管天气炎热，可水草肥美，鱼虾成群，可算是夜鹭最喜爱也是最活跃的季节了。

Monday, August 16, 2021

星期一

农历辛丑年·七月初九

 观察之我见

　　别以为长颈鹿优雅温柔就不把它当回事，长颈鹿可是练就铁蹄功夫的，它的长腿甚至能踢翻一头狮子。别看它慢悠悠的样子，可奔跑起来一点也不慢，最快的速度可能不亚于猎豹。不过毕竟它是短跑选手，而且，不到万不得已长颈鹿是不会动用武力的。那实在是万不得已的最后一击，所以你就知道我们看到的温柔贤淑模样的长颈鹿也有着坚强敢于斗争的一面。

Tuesday, August 17, 2021

星期二

农历辛丑年·七月初十

 观察之我见

你有仔细观察过大熊猫吃竹叶么？它们的手非常灵巧，可以抓握住竹子跟其他食物，悠哉地坐着或躺卧着吃东西，不需要像很多动物那样必须得站着觅食才行。更奇妙的是乍看之下它们的手还能对握。为什么大熊猫会发展出这样的结构呢？它的作用又是如何呢？

苑子暄

从外观来看，大熊猫的手掌除了和其他熊科动物一样的五根指头之外，在这五根手指下方有一大块扁平的肉垫，在此肉垫靠拇指侧则有另一块突起的圆形肉垫，在手指与肉垫之间有一条浅沟。就是这样的沟槽构造，让大熊猫能够利用那多出来特化的肉垫与原来的五根手指形成对握的关系，使它们能灵巧的抓握食物。由于那多出来的肉垫功能就如同我们的拇指一样，但从解剖学上来看那又并非是真的拇指结构，因此就被称为伪拇指。这都是为了适应以竹子为食的特性长期进化而来的。

Wednesday, August 18, 2021

星期三

农历辛丑年·七月十一

观察之我见

水果丰盛的季节，我们去看一下金刚鹦鹉的食物吧。主食是玉米，搭配的水果非常丰富，有苹果、葡萄、香蕉、梨，其他还会添加红枣、鸡蛋等作为补充，晚上会补充瓜子、花生等油脂含量高的食物，最大限度地保证鹦鹉获得全面的营养，它们的毛色光泽度就能看出营养的全面了。鹦鹉可是很挑食的哦，瞧，它们吃玉米的姿态，一个脚站立，另一个脚负责拿住玉米，用嘴巴灵巧地咬下玉米粒在口中挤压出胚芽，然后把玉米皮吐掉，这样专业的吃货简直是动物界的美食家。

Thursday, August 19, 2021

星期四

农历辛丑年・七月十二

 观察之我见

亚洲象"诺诺",动物园界的明星,因为它是个"身体素质好,特别能生"的猛男,目前已是五头小象的爸爸。不时会有母象来相亲,可要运送这么个庞然大物可真不容易啊,该怎么做呢?首先要选一个载重八吨以上的大卡车,然后为其定做一个相对封闭的运输箱,前后都要开门,方便进出;其次要把运输箱放进饲养场地至少一周时间,把饲料放进运输箱内,让其熟悉运输箱后关上前后门;最后,用起重机把运输箱连同象一起吊起放到卡车上。如果运输时间超过八个小时,途中还需人工喂食和喂水。炎热的夏季和寒冷的冬季避免长途运输象,以保证象在运输途中的健康。

李昀谣

Friday, August 20, 2021

星期五

农历辛丑年·七月十三

 观察之我见

构树,夏日里枝繁叶茂,不仅遮挡了烈日,还为鸟儿提供了栖息的场所,对动物园中的动物也非常重要。它们的叶子是长颈鹿的食物,也是金丝猴和食草动物的食物。构树也是杭州常见树种,这一时节挂满了红色的浆果,绿叶点缀着红果,吸引着鸟儿纷纷来食。现在来园里,你就能见到这一美景。

Saturday, August 21, 2021

星期六

农历辛丑年·七月十四

 观察之我见

刚出生的小鹿，紧紧跟随着鹿妈妈。其中梅花鹿与黇鹿是它们中的主角，这是两种不同的鹿。在刚生下时，很难将它们完全区别开。同样是娇小的外形，棕灰色的体毛，身体上都带有白色的斑点；体型上略有区别，新生黇鹿偏小，新生梅花鹿稍大。鹿作为一种食草动物，刚生下来四肢就很有力，没几个小时就能小幅度地快走甚至奔跑，这是它们为躲避天敌的本能。随着鹿妈妈们无微不至的照顾，小鹿们一天天的茁壮成长，褪去了萌的属性，烙上了帅的标签。黇鹿最终的身形没有梅花鹿那么健硕，梅花鹿身上的斑点也逐渐变得比黇鹿更明显，但两种鹿彼此关系亲密，和谐地生活在一起，共同享受着动物园带给它们的美好岁月。

梅花鹿宝宝
胡语莫画

胡语莫

Sunday, August 22, 2021

星期日

农历辛丑年·七月十五

观察之我见

刘辰锐

在杭州动物园,动物夏日降温主要用水,除了水池和日常用水外,最常用的就是喷淋降温。喷淋设备虽降温效果显著,但简单粗暴的出水方式,不但增加湿度,对水的消耗很大,降温但不节水。

为解决喷淋不节水这个问题,经过小范围实验后,设备开始大规模升级。在珍猴馆、羊驼、鹦鹉等室外场所更换喷头,喷淋变喷雾;又在小熊猫外场引进专业设备,间歇性运作,小熊猫行走在雾气弥漫的云梯中,宛如仙境,真是清凉、美观又节水。

Monday, August 23, 2021

星期一

农历辛丑年·七月十六

八月
23
处暑

 观察之我见

太阳到达黄经150度,时间在8月23日左右,到了处暑节气,这是秋天的第二个节气,夏天的暑气真正结束。《月令七十二候集解》云:"处,去也,暑气至此而止矣。"处暑期间白天依旧炎热,早晚却能感觉到清凉,昼夜温差大。

处暑节气的物候有:一候鹰乃祭鸟,二候天地始肃,三候禾乃登。此节气中老鹰开始大量捕食鸟类;天地间万物感秋气,开始凋零;农作物成熟,五谷丰登。

紫薇花依旧花开艳丽,黄山栾树也盛开了黄色的小花。

Tuesday, August 24, 2021

星期二

农历辛丑年·七月十七

 观察之我见

蔡熙昊

象 蔡熙昊画

沙子对于保护大象足部具有非常重要的作用,柔软的沙子有效地保护了足部。要知道亚洲象"诺诺"的体重将近五吨,全靠四肢来支撑,而且它们也保持了野外的秉性,很少躺下来休息。硬质的地面会对它们足部造成很大的压力。瞧,它们在沙堆里轻松自在的模样,侧身躺下翻转,长鼻子卷着沙子高高扬起洒在身上,那份惬意也让人心生向往啊!

Wednesday, August 25, 2021

星期三

农历辛丑年·七月十八

 观察之我见

这几日，秋老虎开始默默发威，杭州动物园里的动物们又重新启动解暑模式。居住在熊山的棕熊"小木"趁早上天气凉爽在自家院子里踱步玩耍，时不时地抬头跟游客卖个萌；而到了中午气温偏高的时候，小木就跳进院子里的游泳池，美美地泡个澡。这对于只能去公共游泳池里"插蜡烛"的城市人来说，还真是有点羡慕、嫉妒啊！

程诗慧

棕熊对水的喜爱，可能是天生的。天气更冷一些的时候，它们也会毫不犹豫的浸到水池中享受水之闲适。小木在享受清凉池水的同时，还不忘显摆它那异类的玩具——汽车轮胎特制"游泳圈"。只见它一会儿枕着游泳圈仰泳，一会将游泳圈套在头上，还时不时变换造型扎个猛子。游累了，爬上岸拾掇拾掇游泳圈，理一理自己的毛发，真是悠哉极了！

Thursday, August 26, 2021

星期四

农历辛丑年·七月十九

 观察之我见

洪敏芝

赤大袋鼠以族群方式生活，群内有一只头领袋鼠，享有交配权，族群中的其他公袋鼠通过打斗去挑战头领袋鼠，争夺交配权。而袋鼠的打架方式也非常特别，体型高大强壮的公袋鼠以直立之姿用上肢推挡或试图抱住另一方头部，粗大的尾巴成为支撑身体的有力保障，强壮的后肢此时会用劲踢出，这样的力量可不容小觑，要知道赤大袋鼠一跳都可跳好几米远呢！

Friday, August 27, 2021

星期五
农历辛丑年·七月二十

 观察之我见

都知道大象非常聪明并有记忆能力,让人印象极为深刻的是亚洲象"诺诺"与它其中一位伴侣的故事。由于"诺诺"正值黄金年龄,又长得高大帅气,引得各大动物园想来"求子"的母象排着队等它的档期。诺诺曾经与来自上海的一头母象情投意合,这头母象回园后顺利产下小象。这不,几年之后它又来了。工作人员将这头母象护送到杭州动物园大草坪时,神奇的一幕发生了。这头母象开始不停地在车上挪动身体,并不时长长啼鸣,过不久也听到了我们"诺诺"的啼鸣回应,一唱一和在用啼叫交流,彼此难掩激动之情。鉴于它们之前深厚的感情,工作人员忍不住猜测这头母象或许是有记忆了,看到杭州动物园熟悉的环境就联想到了曾经日思夜想的"如意郎君"了,故而发出啼叫的信息。

Saturday, August 28, 2021

星期六
农历辛丑年·七月廿一

 观察之我见

我国文化中"有凤来仪"中凤的雏形来自于孔雀,古代典籍中有"孔雀东南飞,五里一徘徊",当你在网上搜索"孔雀"时,会出现若干孔雀的图片,你知道哪种是我们国家的孔雀么?在我国分布的是绿孔雀,而网络上的图片绝大多数都是蓝孔雀。现在你在动物园里看到展出的也多数都是蓝孔雀及其变种白孔雀。绿孔雀的栖息地飞速消逝。现在野外种群仅分布于云南。

申模涛

Sunday, August 29, 2021

星期日

农历辛丑年·七月廿二

观察之我见

王翌

  7月与8月是滚滚大熊猫的生辰月,每年这个时候动物园都会举办大熊猫的生日会,这也是大熊猫粉丝们最开心、最期待的活动,因为在杭州动物园粉丝们可以亲手参与熊猫蛋糕的制作,一起为大熊猫唱生日歌,来自全国各地的爱好者们齐聚一起,为喜爱的熊猫送上祝福。

Monday, August 30, 2021

星期一

农历辛丑年·七月廿三

观察之我见

想要当新时代的动物保育员要求可不低哦。现在保育员不再是传统意义上的饲养员，工作的定位不再满足于只是简单的清扫，可以更深入地做些圈养条件下动物行为的研究，使动物更富有活力与展示效果。动物行为训练亦是如此，良好的动物训练不仅有助于医疗保健的需要，同样在科普教育活动也能起到神奇的效果。而保育员可以说是连接动物与游客的一座桥梁，在与动物的朝夕相处过程中积累着无数趣味故事，当保育员以保护教育大使的形象向游客宣传正确保护动物的理念时，就可以很好地拉近游客与动物的情感距离。杭州动物园这几年也通过提高动物福利，将丰容、训练、科普作为新时代保育员的一项本职工作纳入到考核体系中，向专业化方向行进。

Tuesday, August 31, 2021

星期二

农历辛丑年·七月廿四

 观察之我见

这几天去西湖边再见见池鹭吧,不久它们就要踏上南飞的旅程,回南方过冬了。池鹭在西湖属于夏候鸟,一般三月底至四月初来到杭州西湖,刚来的时候它还是穿着"冬装"(冬羽)的,没过几天就换上漂亮的"夏装"(夏羽,也称繁殖羽),然后开始了求偶、配对、筑巢、产卵、孵化、育雏等一系列繁殖行为,等幼雏"长大成鸟",在八月底至九月初它们开始脱去"夏装",重新换上"冬装",然后陆续离开西湖回南方过冬。

Wednesday, September 1, 2021

星期三

农历辛丑年 · 七月廿五

 观察之我见

豪猪，听到这个名字是不是以为是一种猪，其实它根本不像猪，更像是一只背着一身刺的大老鼠。豪猪属于啮齿目，喜欢啃瓜果蔬菜，偶尔也啃骨头磨磨牙，它身上的毛演化成了保护性的棘刺，粗的有筷子那么粗，每条都是黑白相间的纺锤形，内部是中空的，遇到危险时它背上的棘刺会竖立起来并抖动，发生"沙沙"的声响，以警告那些骚扰它们的家伙。刚出生的小豪猪身上并没有这个防御武器，不过大约一周以后小豪猪的棘刺就会慢慢变硬了。

豪猪的刺也很容易脱落再生，它身体后方的刺更为发达，当它身体背向你时一定要小心躲避了，因为在威胁较大时它会把刺以一定速度射向对方，所以如果其他猛兽想吃豪猪可要冒着满嘴被刺扎的风险，狮子也不例外。

豪猪属于夜行动物，在杭州动物园小兽园里一直有展示，除了进食，大部分时间它都喜欢躲在内室休息，上午十点左右看到它活动的几率要大一些。

Thursday, September 2, 2021

星期四
农历辛丑年·七月廿六

观察之我见

鸸鹋，这两个字很多人不会念，其实去掉右边的鸟字，就是它们的读音了，经常有人把鸸鹋叫成"鸵鸟"，今天需要为它来正名。鸵鸟分布在非洲与阿拉伯地区，鸸鹋则来自于澳洲，体型仅次于非洲鸵鸟，与鸵鸟一样它不会飞但可以飞快奔跑，鸸鹋全身灰褐色，外表在鸟类中并不出众，最特别的应该是它那墨绿色的蛋了，鸸鹋蛋的颜色介于绿色与蓝色之间，而且自带小白点有一种荧光效果，蛋壳表面并不光滑，而是类似粗陶表面的触感，因为鸸鹋产蛋时并不蹲下，蛋壳足够坚硬才能保证产的蛋不会破碎。来杭州动物园可以到小动物乐园找到它的身影。

尤其

Friday, September 3, 2021

星期五

农历辛丑年·七月廿七

 观察之我见

钱宇轩

  细尾獴来自非洲喜欢晒太阳，喜欢打洞。如果仔细观察会发现细尾獴的肚子上面有一块黑色的毛，这是它们站立时腹部可以吸收热量的区域。晴朗的日子里，细尾獴的肚子都是朝着太阳站立的，和向日葵真是很相像。杭州动物园细尾獴场馆土堆上面有很多坑坑洼洼的洞，都是细尾獴这一年来的杰作，它们一天到晚都在打洞。这可是细尾獴的一大习性。

Saturday, September 4, 2021

星期六

农历辛丑年·七月廿八

 观察之我见

要说团队合作精神，也非细尾獴莫属。对于它们这样的小型兽类，来自空中与陆地的天敌是很多的，作为一个团队，细尾獴群里每次都会有一至两只放哨的哨兵，哨兵通常会轮流承担放哨的职能，非常认真地观察周边的环境，一旦出现紧急情况，便会发出信号让大家躲起来。所以每次饲养员喂食的时候，总有一只细尾獴兢兢业业的在自己的岗位上坚守，不为美食所动。

九月

5

Sunday, September 5, 2021

星期日

农历辛丑年·七月廿九

 观察之我见

每到繁殖的季节,细尾獴都会出现斗争,只有公细尾獴把母细尾獴打败了,才有交配的权利,也才能让母细尾獴乖乖听话。虽然如此,但是细尾獴却是一个母系种群,在一个种群中,有一只母细尾獴是"最大的BOSS",而其他的母细尾獴和公细尾獴都要听命于它。所以大家可以看到笼舍里面的细尾獴,基本上可以根据体型来判断性别,胖胖圆圆的基本上是母的,而瘦瘦小小的则是公的,因为它们要为女王工作,所以就比较瘦小。

Monday, September 6, 2021

星期一

农历辛丑年・七月三十

 观察之我见

羊驼喜欢沙浴,斜躺在沙地上非常享受,站起来时会抖动一下将毛中夹杂的沙粒抖掉。另外,羊驼属于柔蹄动物,蹄子表面有硬壳,底下有肉垫,所以当活动场地沙子减少时应及时加沙,防止肉垫被尖锐的小石子磨破。

迟奕文

迟奕文画 羊驼

Tuesday, September 7, 2021

星期二

农历辛丑年・八月初一

九月
7
白露

 观察之我见

太阳到达黄经165度,时间来到9月7日前后,到了白露节气。《月令七十二候集解》云:"八月节……阴气渐重,露凝而白也。"此时能明显感到天气转凉,温度降低,清晨可于草木之上见到露珠,开始真正意义上进入秋天。

白露物候:一候鸿雁来,二候玄鸟归,三候群鸟养羞。说的是鸟类感受到气候的变化,鸿雁与燕子等候鸟开始迁徙;百鸟开始为过冬储备粮食了。

黄山栾树的顶端已经有红色小灯笼样的果实,构树果子也红艳艳的挂在枝头,最早一波桂花开始飘香。

Wednesday, September 8, 2021

星期三

农历辛丑年·八月初二

 观察之我见

动物园长臂猿分属三个家庭,这三个家庭里也有不少有趣的事情。长臂猿"圆圆"是一个很会享受的母亲,也是一个"不负责任"的母亲,每年它都会生下一个小宝宝,可是母爱情怀也仅仅只有一两个月,带宝宝最长时间才五十七天,最狠心的一次是七天它就抛弃了自己的孩子,被它抛弃的孩子只能由保育员人工喂养长大。不同于长臂猿"圆圆","猿二"是彪悍的"女汉子",它非常强势,打跑了自己的老公,后来又从温州动物园给它找老公,但还是依然如故,暴打依旧,最终给它另找了一个年轻的老公,它才勉强接受,真是一个强势的"女汉子"。

Thursday, September 9, 2021

星期四

农历辛丑年·八月初三

观察之我见

般若芸

　　小熊猫可不是大熊猫的小时候，长大了就会变成黑白的大个子，尽管名字只相差一个字，可它们是全然不同的两种动物。大熊猫，属于大熊猫属；小熊猫，属于小熊猫属，想要沾亲带故也挨不上边。或许小熊猫跟大熊猫一样以竹子为主食，所以也被称为"熊猫"，只是体型上稍有点相像浣熊。看看小熊猫红褐色的毛发和九圈环纹尾巴并没有黑眼圈，浣熊既有黑眼圈又有环纹尾而毛色淡灰色不似小熊猫鲜亮。

Friday, September 10, 2021

星期五
农历辛丑年·八月初四

九月
10
教师节

观察之我见

　　天气逐渐凉爽，住在单身公寓的美洲豹"小伙"和"姑娘"按捺不住了，总是来回奔走想活动一下筋骨，它们在野外有好几个山头的"院子"可以溜达，在动物园里没有那么大的地方，怎么办呢？让我们来给它们做丰容吧，说到丰容首先就要提到丰容球，大大小小的球对大型猫科动物来说是最好的玩具了，可以把球当作猎物扑咬，也可以带着球跑步，就像踢足球一样，还可以在丰容球上打洞，挂起来，在里面藏上豹爱吃的牛肉、鸡肉，美洲豹会跳起来扑球玩，别提多开心了。

Saturday, September 11, 2021

星期六

农历辛丑年·八月初五

观察之我见

白露过后,天气渐渐转凉。西湖第一只冬候鸟——普通鸬鹚到了。一只普通鸬鹚站立在三潭印月的石潭边上,左顾右盼。每年来西湖越冬的第一只冬候鸟,总是普通鸬鹚,今年也不例外。普通鸬鹚来西湖越冬时间一般为9月底、10月初,但受天气等因素影响,它们会提前或延后一段时间。如果有冷空气,候鸟们就会提前动身南迁;如果温度高,它们就会在北方多待一段时间,所以每年到达南方越冬时间会有细微差别。这几天如果你在西湖附近游玩,不妨留意一下这批使者哦!

Sunday, September 12, 2021

星期日
农历辛丑年·八月初六

 观察之我见

马雨琴

光有丰容球可满足不了大猫的活动量,还有什么可以让美洲豹动起来呢?相信大家都听说过猫抓板吧,就是用来磨爪子的板子,有剑麻做的、纸盒子做的……要给美洲豹做个猫抓板,难度可有点大。保育员们看上了笼舍里的一棵大树,用粗粗的麻绳一圈一圈地绕上去,再把线头固定好,就是一根改良版猫抓柱啦,看看美洲豹小伙喜不喜欢吧!呦,这家伙已经嗖的一声窜上了柱子顶啦,一会又跳下来开始磨爪子,一会又用脸在柱子上蹭啊蹭,还拽着线头扯啊扯,玩得不亦乐乎,看来它很喜欢家里的新玩具呢!

Monday, September 13, 2021

星期一

农历辛丑年·八月初七

观察之我见

再来看看隔壁的美洲豹姑娘有什么新发现吧？原来保育员在它的家里放了一只用纸板做的"鲇鹿"，还在里面藏了点鹿的便便，这可不得了，美洲豹眼睛里顿时闪闪发亮，兴趣百倍，它先围着纸板鹿转了一圈，再用鼻子嗅一嗅，然后用爪子试探着拍了一下，发现没什么危险，就开心地扑了上去。闻到了猎物的味道，让美洲豹玩性大起，没过多久，纸板鹿就被它给拆得粉碎，美洲豹满足地叼着其中一个盒子，享受着捕猎的乐趣。美洲豹也喜欢香水的味道，对于大型猫科动物来说，各种各样的气味可是丰容的好材料，风油精、花露水、各种动物的便便，甚至是同类的便便都会给大猫们带来刺激的感觉。每当它们闻到一种新奇的味道时，它们可能会"咧嘴笑"，其实它们不是真的在笑，只是在分析闻到的味道而做出的表情。

接下来，它们可能会用自己的腮帮子去蹭散发味道的物体，把自己的味道留在上面，或者在食草动物的便便上打滚，这是为了掩盖住自己身上的味道，不被其他动物发现。

谭钰涵

Tuesday, September 14, 2021

星期二

农历辛丑年·八月初八

 观察之我见

杭州动物园的蜜熊之家，最早的一公一母两只蜜熊已经生育了三个宝宝啦。一般雄性通常用叫声及气味吸引雌性的关注，并会和其他雄性进行争斗。它们全年都可进行繁殖。但在圈养条件下想要蜜熊繁殖可不是容易的事哦。现在蜜熊的生存境地也极为窘迫，由于人类居住地的扩张以及森林砍伐等，蜜熊的活动范围逐渐缩小，而人类对其皮毛和肉的欲望，也使蜜熊的生存受到了极大的威胁。

Wednesday, September 15, 2021

星期三

农历辛丑年·八月初九

 观察之我见

如果需要新引进长颈鹿，那一定要选择合适的季节，比如在九月份，这样便于它们慢慢过渡适应杭州降温过程直至寒冬，毕竟它们的老家非洲可是非常炎热的。长颈鹿的雄性个体平均身高可达5米以上，雌性则在4.5米左右，这么个大个子要一路运送过来可真不容易，需要工作人员全程关注、一路护持。

Thursday, September 16, 2021

星期四

农历辛丑年·八月初十

 观察之我见

长颈鹿绝对是属于高颜值的动物,它有着一双迷人的大眼睛,仔细看,你还能发现它的睫毛又密又长,扑闪着漂亮的大眼睛,走起路来高贵优雅,如同贵妇一般。身上美丽的花纹也为它增添了不少姿色。你可别小瞧了这花纹哦。长颈鹿原本生活在非洲的草原上,这种花斑网纹就成为了一种天然的保护色,能够混淆敌人的视野,起到保护作用,就跟斑马的斑纹一样。

Friday, September 17, 2021

星期五

农历辛丑年·八月十一

 观察之我见

叶子萱

很多人总以为到动物园里,只要你摇动手中的花手绢就能让孔雀开屏了。真的是这样吗?至少在这个时节孔雀褪去了艳丽的羽毛,原本长长的尾羽也秃了,不再那么漂亮。而且孔雀开屏是雄性孔雀之间相互斗艳并吸引雌性孔雀注意的手段,所以花手绢并不会吸引它们的注意!

Saturday, September 18, 2021

星期六

农历辛丑年·八月十二

 观察之我见

九月初西湖随着第一只冬候鸟鸬鹚的到来,接下来将会有更多的候鸟陆陆续续开启迁徙模式途径杭州,这个季节是观鸟的好时节,留鸟、夏候鸟、冬候鸟、旅鸟均可见。这两天你能看到身姿修长,有着尖尖的黑嘴,黑黑的翅膀,长长的红脚,一副"美人胚子"样的黑翅长脚鹬,它们在杭州属于旅鸟(过境鸟),每年的三四月份由南往北途径杭州西湖,一般会选择环境幽静的湖西一带,最青睐茅家埠水域的岛屿,通常在此歇歇脚,逗留三五天,吃饱喝足后再继续北上。一般能观察到几只,运气好的时候可以看到三四十只。每年的九十月份它们则由北往南迁回到南方越冬,春去秋来,周而复始。这几天抽空去一睹这些"美人"的风采吧!

Sunday, September 19, 2021

星期日

农历辛丑年·八月十三

  观察之我见

俞玥涵

说起黑猩猩大家可能并不陌生,黑猩猩是一种大型类人猿,智商高,是现存的与人类亲缘关系最近的物种。在野外黑猩猩是属于社群动物,父系社会。黑猩猩的繁殖在一年四季均可进行,没有固定的发情周期,孕期在八个月左右,雄性在十岁左右达到性成熟,具有繁殖能力,雌性要稍早些。在杭州动物园的黑猩猩,除参与本园的繁殖外,还与别的动物园进行合作繁殖。

Monday, September 20, 2021

星期一

农历辛丑年·八月十四

 观察之我见

蒋诺

"全国科普日"来关注动物园里的科普人。开展科普教育活动是科普人日常工作的主要部分,每种野生动物都有自己的神奇之处,每座动物园也都有自己的历史故事,科普教育工作者要把这些故事融入到自然课堂中,通过游戏、趣味课堂、动手项目等让大家喜欢上野生动物,关心动物的生存环境,并通过实践,为保护生态平衡出一份力。好的科普教育活动是有意思、有知识、有想法、有实践的活动,能得到大家的共鸣。长臂猿的体色变化,亚洲象长鼻子的妙用,四季变化与动物的关系,甚至展区里一片不起眼的植物,到了科普教育工作者这里都是可以科普的素材,他们手里总是能够变出各种稀奇古怪的东西,用特殊的方式拉近游客和野生动物的距离。比起走马观花式的逛动物园,参加保护教育活动获得的信息量却能大上百倍,你可以来体验一下。

Tuesday, September 21, 2021

星期二

农历辛丑年·八月十五

九月
21
中秋节

 观察之我见

邢释澄

中秋佳节动物园也为长臂猿一家准备了装有丰富食材的中秋礼盒，礼盒放好后，好奇的长臂猿们立马发现了礼盒但都不敢轻举妄动，生怕有危险，最后还是家族里的妈妈胆子最大，带着宝宝第一个取走了礼盒。而野外长臂猿也正是以母猿主导家族活动的。除了中秋礼盒，展区里还悬挂了几根长短不一的竹筒以及打孔的漏食球，竹筒与球里都放着好吃的，这是保育员为长臂猿准备的食物丰容，让它们发挥各自本领觅食，长臂猿们玩得不亦乐乎。

Wednesday, September 22, 2021

星期三

农历辛丑年·八月十六

观察之我见

张若曦

　　每次都有游客看到熊猫说熊猫好脏、好黑,怎么不给熊猫洗澡,都快变黑熊了!保育员一遍遍解释都来不及。其实除了冬季,其他季节都会给熊猫来个淋浴或者泡澡,而且洗澡是基于它们自然自主的行为,有的个体喜欢洗澡有的个体不喜欢,硬是把人为意志强加到动物身上,像宠物一样脏了就洗反而会降低它们的免疫力。虽然熊猫不怕冷,但身上湿嗒嗒的再刮阵风,国宝也是扛不住要感冒的。再者亚成体熊猫正是长个子的时候,两只一起耍起来那可是满园子滚,玩耍时蹭了一身的黄泥,在所难免。

Thursday, September 23, 2021

星期四
农历辛丑年・八月十七

九月
23
秋分

观察之我见

太阳到达黄经180度,时间在9月23日前后,到了秋分节气。《春秋繁露》云:"秋分者,阴阳相半也,故昼夜均而寒暑平。"这一天太阳直射地球赤道,地球上昼夜均分,又是秋天的第四个节气,正好平分秋季,为秋分。

秋分物候:一候雷始收声,二候蛰虫坯户,三候水始涸。古人观测到雷在秋分之后不怎么出现了,认为雷始因阳气盛而发,秋分之后阴气渐盛故而不再发声;天气进一步变冷,蛰居的昆虫开始藏入地穴,并用细土将洞口封起来;降雨也开始减少,天气干燥,河流湖泊中水量明显变少,低浅水洼处于干涸状态。

最早一批向南方迁徙的鸳鸯,在途经杭州动物园时发现下面有同类在此生活,它们在此休憩觅食后,很多便不再南飞,而是选择在杭州动物园过冬了,这一时节迎来了第一批野生鸳鸯。

Friday, September 24, 2021

星期五

农历辛丑年・八月十八

 观察之我见

在入秋后鬣羚进入发情期，发情时在眼底下方有两个对称的眶下腺，这两个腺体会分泌出浅白色的浓稠物，有特殊的气味，这种味道经久不息地向空中散发，由近及远，远远的异性鬣羚就会抬头卷唇，仰鼻探闻，细细品味和辨析味源的方向。雌雄鬣羚间，依靠气味信息的传递来搜寻对方。若双方接触上，气味相投，则有望交配生子。双方完成交配后，各自散开，各走各的路，继续生活。而当小鬣羚出生后，母羚则会带着小鬣羚生活。

Saturday, September 25, 2021

星期六

农历辛丑年·八月十九

 观察之我见

马宇晴

　　如果说良好的动物展区设计是充分尊重动物，促进动物自然行为展示及游客游览体验的第一要素的话，那么有效的动物行为管理则是提高动物福利的有效保障。杭州动物园在多个展区设置有丰容物品仓库，同时制订动物丰容日历，将动物丰容日常化、常态化。动物行为训练也是如此，保育员每天花大量时间在动物行为训练上。良好的动物行为管理是传统动物园向现代动物园迈进的重要标志。

Sunday, September 26, 2021

星期日

农历辛丑年·八月二十

 观察之我见

如果你喜欢黑猩猩，想要帮助黑猩猩，那么注意将手机回收或减少手机更换频率。你或许会奇怪这风马牛不相及的也能有关联吗？确实，据科学研究发现，造成目前野生动物困境的是栖息地的消失或破碎化，而造成黑猩猩栖息地消失的一项重要原因，也在于当地开矿取得钽元素，而这种钽元素是制造手机必不可少的，全球手机需求猛增使得钽元素的需求持续增长，当地人砍伐森林，猩猩赖以生存的生态环境遭到破坏。而对于唯一产于亚洲的红猩猩来说，减少棕榈油的使用或许能拯救红猩猩。如果每个人都能知道这样的关联并行动起来，那影响力将是巨大的。

Monday, September 27, 2021

星期一

农历辛丑年·八月廿一

九月
27

 观察之我见

如果展区内环境单一，动物自然行为无法表达，表现为重复某个动作，比如来回踱步、摇头晃脑等，这些都是刻板行为，对动物健康将会造成影响。这就需要增加环境的丰富度，增设多方面的玩乐设施等，比如丰容物品的提供。因此工作人员采取各种环境丰容手段来改善圈养动物的环境质量，提高动物的福利水平。传统的环境丰容手段有改变饲喂方法，改变原有定点、定时、定量投放而把食物撒喂在兽舍的各个地方或用特制的容器把食物藏起来，需要通过动物的探索来获取食物，让动物花更多的时间才能得到食物来进行。不仅提高了动物的活动量，同时增进动物自然行为的表达。

冯俊浩

Tuesday, September 28, 2021

星期二

农历辛丑年·八月廿二

 观察之我见

俞靖晗

作为陆地上最大的哺乳动物，大象的数量正在快速下降，一只母象从怀孕到生产要历经两年时间，在杭州动物园兽医们还给怀孕的母象做过B超检查。因为大象喜欢泥浴，身上总有一层厚厚的泥浆保护自己，所以在B超前帮大象去除皮肤上这层泥就得花上不少时间，接着涂上耦合剂，再用探头寻找象宝宝的位置，而这一系列动作都需要建立在行为训练的基础上，让庞然大物也乖乖听话，保持好姿势做身体检查。

Wednesday, September 29, 2021

星期三

农历辛丑年·八月廿三

 观察之我见

褚珈诺

美丽的秋天总让人想起诗句"晴空一鹤排云上，便引诗情到碧霄"。这样的美好千百年来一直在回荡，而在我国自古鹤也有着美好的寓意：吉祥，长寿，仙风道古。传说仙人便是骑鹤而来，鹤指的就是丹顶鹤。

"松鹤延年"是我国国画的传统题材，有富贵长寿之美意，带有祥瑞喜庆色彩。也有绘画将丹顶鹤绘于松树上，而现实中野生的丹顶鹤不会栖息于松树上，而是栖息于开阔平原、沼泽、湖泊。浅水的小鱼，小虾是它们的最爱，另外它们也喜欢水生植物的叶、茎、块根、球茎、果实等。动物园中会给鹤提供新鲜的小鱼、窝头和水果。阳光明媚时，丹顶鹤会引吭高歌，翩翩起舞。

Thursday, September 30, 2021

星期四

农历辛丑年·八月廿四

观察之我见

环境丰容中气味丰容对提高动物活性非常有效,比如新鲜的斑马粪和甜南瓜等气味能提高圈养非洲狮的活动水平;风油精等具有浓烈气味的液体洒在废纸条上放入野猪笼舍内,能让野猪兴奋异常到处嗅闻查找。气味能激发动物本能行为,有助于动物的生理和心理健康,从而提高动物福利。同时也极大满足了游客观赏需求。游客更希望看到的是动物的自然行为和自然状态,再通过保育员讲解就可以使游客增加动物相关知识,增强保护理念。

Friday, October 1, 2021

星期五

农历辛丑年 · 八月廿五

十月
1
国庆节

 观察之我见

圈养鬣羚繁殖难度一直比较大。其因有三，一是雌性对雄性有严格的选择性，曾有一头雌性鬣羚由于原配雄性鬣羚年老体衰无法交配，饲养人员为这只雌性鬣羚选择了一只身强力壮年轻的雄性鬣羚，却直接被雌性鬣羚拒绝；二是只有在秋天才发情，而配种有效时间不超过两天，错过了，当年的繁殖就失败了；三是发情困难，鬣羚对环境要求高，噪音、气味、隔笼动物和陌生事物等都是它高度敏感的东西，它属于典型的神经质动物，容易受惊吓，若紧张过度它就不发情，或隐性发情而导致无法配对完成繁殖。

Saturday, October 2, 2021

星期六

农历辛丑年·八月廿六

观察之我见

今天是国庆黄金周第二日，按往年经验，如果天气晴好今天的游客会特别多，在这里要提醒大家的就是在我们观赏动物时，不要投喂食物，工作人员早已准备了充足的营养丰富的食物。不同的动物具有不同的食性，工作人员特意为每种动物定制饲料单，每天有专业的配送商送来新鲜的食材，再由饲料工坊工作人员进行加工分配。如果投喂不符合动物食性的食物会对它们的身体造成伤害，如果动物摄取了过多的糖分会导致过度肥胖、"三高"甚至糖尿病等疾病，会导致其繁殖能力的下降，甚至不育。另外随意投喂食物还会引起动物间不必要的冲突，造成打斗受伤。所以随意投喂危害多多，在此呼吁大家文明游园，切勿投喂！

Sunday, October 3, 2021

星期日

农历辛丑年 · 八月廿七

 观察之我见

　　杭州动物园的一只小毛冠鹿降生了。出生不多久就能站立奔跑了,只是它胆子非常小,总是躲在爸爸妈妈身后。为此,保育员给予特别的保护和照顾,不仅在动物园南边向阳的山坡上给它们安家,还给它们提供可以隐藏的地方,免受各种干扰,让它们无忧无虑地生活,每天有新鲜树叶啃,有苹果、红枣等水果吃。别看毛冠鹿长得其貌不扬,它们可是国家二级重点保护野生动物。它们家族大部分都分布在中国海拔两千米左右的山区,主要以草为食,也吃嫩叶或野果。

十月

4

Monday, October 4, 2021

星期一
农历辛丑年·八月廿八

观察之我见

蒋子煦

今天是"世界动物日",当我们将目光关注到那些濒危的动物身上时,也不妨审视一下我们爱动物的方式。是否只是出于满足自身的需求,而非真正为了保护动物。比如在动物园内,随意投喂动物的现象仍屡禁不止,随身携带的水果、零食火腿肠、采摘的公园绿植应有尽有。虽然园内均有禁止投喂的牌示提醒,还有保安巡逻进行劝导,但大家仍未意识到随意投喂对动物带来的危害,有的游客甚至觉得带着食物来动物园喂食动物理所当然,这些行为不仅对动物健康带来了危害,同时也与文明景区、文明城市的理念相背离,在"世界动物日"这一天,我们要再一次强调,爱是出于为对方考虑,爱动物就让动物更好的生存与生活。

Tuesday, October 5, 2021

星期二

农历辛丑年·八月廿九

 观察之我见

在食草区你会看到斑马们并不是像非洲野外那样成群在一起,而是不同的斑马家族生活在一起。其实斑马之间有一定的领地意识,所以需要把不同家族隔离开来。如果你留意会看到不同运动场之间的铁门两侧经常会有许多斑马粪便,那是因为这两边生活着两个不同的斑马家族,公斑马之间经常会有争夺领地的行为,所以它们会在自己的领地周围用粪便或者尿液标记,告诉对方这边是我们的领地,不允许外来者入侵。

Wednesday, October 6, 2021

星期三

农历辛丑年·九月初一

观察之我见

徐伊可

　　你别看亚洲象个体很大,身体很强壮,有时也有"小病"发生。记得有一年公象发生腹泻,急坏了全园的兽医,兽医每日给大象肌肉注射和口服相关药品,每日用掉几箱的药。还有一次公象把母象的尾巴咬出了一个很长的切面伤口,经过消炎处理仍无法痊愈,最后不得不手术切除了母象的一截尾巴。所以现在这只母象尾巴最下端是个拳头的形状。

十月
7

Thursday, October 7, 2021

星期四
农历辛丑年·九月初二

观察之我见

别看鬣羚属于食草动物,它头上的两只角恰似两把锋利的尖刀,其他动物看了也心寒。不要说金钱豹,就是老虎也不一定奈何得了它。它的防身术让许多动物望尘莫及,招式不多,只有三招:蹬蹄警告、角挑威吓和飞檐走壁。当发现有来犯之敌进入自身的警戒区时,它会抬起像铁疙瘩一样的前蹄,蹬击地面或岩石发出"嘣——嘣"的响亮声音,威胁来者不要再靠近,请赶快离开,否则就要受到攻击了。当双方过于接近,战斗不可避免时,鬣羚会低头前冲以角撞击或以角挑刺的本领,抵御对方的攻击或让对方屈服逃离;鬣羚觉得不敌对方的时候,还能凭着粗壮有劲的四肢和极强的平衡能力,跳上乱石坡,在陡峭的山崖绝壁上行走自如,轻松跳跃,奔跑如飞,躲过其他动物的追杀。这身本事还能让它们吃到其他动物吃不到的叶子、果实和特殊的盐分。

Friday, October 8, 2021

星期五

农历辛丑年·九月初三

观察之我见

10月8日左右，太阳到达黄经195度时，对于北半球来说，太阳又向南移动了一大步，太阳给予北半球的能量进一步减少，此时北半球气温比之前更低，地面露水凝结，表明气候从凉到寒出现转变。

《月令七十二候集解》："九月节，露气寒冷，将凝结也。"九月即为农历九月，相当于太阳历十月。古人观察到寒露的物候：一候鸿雁来宾，二候雀入大水为蛤，三候菊有黄华。

Saturday, October 9, 2021

星期六

农历辛丑年·九月初四

 观察之我见

寒露节气，杭州还是一派郁郁葱葱的景象，不过已能明显感到秋天的凉爽，昼夜温差也逐渐变大，气候由热开始转寒凉，阴气渐生，自然界的动物首先感受到了变化，鸿雁开始为寒冬做准备，排成"一"字或"人"字形大举南迁，准备在温暖的南方躲过严寒。鸟类迁徙的季节到来了，杭州作为迁徙线中的一站，很多迁徙的鸟类会在杭州停留与觅食。这一时节，第一批鸳鸯开始抵达杭州，在西湖边走一走或许还能见到它们的身影。杭州的夏候鸟不见了身影，燕子也都南迁了。天气渐渐转寒，很多雀鸟都不见了，古人在寒露的二候中指出雀入大水为蛤，是基于古人观察到身边的雀鸟都不见了，而海边却突然出现很多蛤蜊，并且贝壳的条纹及颜色与雀鸟相似，古人将这两种同一时节的相似性联系起来，认为蛤蜊是雀鸟变成，故有"雀入大水为蛤"的说法，也是古人通过雀鸟的变迁表达阳气渐弱阴气渐长的过程。三候菊始黄华意即菊花开始进入盛放，杭州各种菊花预计在十一月初达到盛放。桂花、木芙蓉开始开放。

Sunday, October 10, 2021

星期日

农历辛丑年·九月初五

 观察之我见

王俊九

寒露之后昼夜温差变大,不少动物开始准备冬眠了。大树蛙已不像往常那样,四趾吸盘牢牢吸在展箱的玻璃上,此刻已不见了踪影。想必应是在展箱内的泥土中藏了起来。在户外展区一角的扬子鳄也被工作人员请进了室内,因为目前户外展区不具备让它冬眠的条件,在室内保暖设施下过冬是保障它们安全的最好方式。

Monday, October 11, 2021

星期一

农历辛丑年·九月初六

观察之我见

动物们忙着准备过冬，动物园也为所有的食草动物准备了过冬的干粮，一大卡车总计达到七十吨羊草，带着草料特有的香气从遥远的东北来到了杭州。早在一周前工作人员就严阵以待，将草库清扫消毒、清理干净了。每年都要赶在这一时节将羊草囤好。再过半个月北方可要下雪了，运送草料就不方便了，干草如果在运输途中遇雨雪，在储存过程中就容易霉变，不能再给动物食用。为了这一车羊草，工作人员可是操碎了心。这可是食草动物半年的口粮啊。尽管每天都会给食草动物准备新鲜树叶等青饲料，但在冬季草木凋敝，青饲料不足的情况下，羊草可少不了。动物园里最能吃的要数亚洲象了，一头一天就能吃掉两三百斤。

Tuesday, October 12, 2021

星期二

农历辛丑年·九月初七

 观察之我见

虎豹等大型猫科动物全身的构造都是为它们生存而设计的。它们的爪子有多种功能，可以靠它爬树，捕猎。平时尖爪藏在它们毛茸茸的脚掌内，一旦在捕猎或打斗时，锋利的尖爪将瞬间伸出，向目标进攻，整个过程只用半秒钟。它们特化的牙齿，是专门用来撕咬猎物的工具。一旦猎物被击倒，牙齿将继续发挥作用，将美味的肉撕成方便吞咽的小块。它们的舌头表面长着很多针毡一样的突起，当它们把大块的肉吃完后，就会用舌头舔舐剩下的骨头，这时舌头就像一把铁刷，把骨头上最后的那点肉全部刮下。

周悦杭

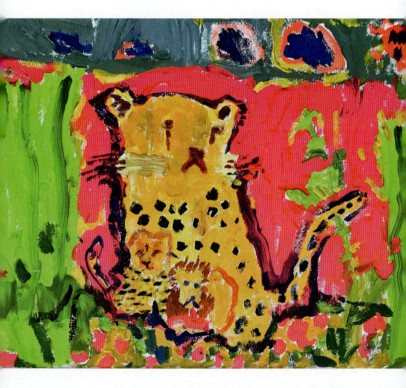

Wednesday, October 13, 2021

星期三

农历辛丑年・九月初八

 观察之我见

母羊驼要生产了，先见到小羊驼的前肢，随后便看见了前肢和头部，很快整个小羊驼都落在地上。母羊驼将幼崽产在了定点排泄处，且这次产崽后有点惊恐不安，并不去添舐、靠近幼崽。保育员经过持续观察下判断母兽弃崽，遂将母兽赶入内室，对幼崽体表作简单擦拭后抱入内室，排除外界干扰，让母兽去慢慢接受幼崽，培养感情，展现母性。幼崽出生后一个半小时左右就可以站立，并开始寻找乳头，在经过半个小时的探索与努力后终于吃上了第一口母乳。三小时后幼崽排出了胎便，在妈妈的保护下可以满场走动了。

Thursday, October 14, 2021

星期四

农历辛丑年·九月初九

十月
14
重阳节

观察之我见

祝宁煊

　　黑麂可是个隐蔽高手，一到秋冬时节，萧条的万木仿佛就应和了黑麂的体色，找到它们更不容易了。它们会选择光线比较暗的晨昏，凭借与环境相近的毛色，更好地隐藏自己。它们也是逃跑和跳跃方面的专家，迈开大长腿，几步就能跑出数十米远，轻轻一跃就能跳两米多高。它们可是地地道道的浙江本土物种，也是国家一级重点保护野生动物，因性情机警数量也少，目前在野外也难觅它们的踪影。

Friday, October 15, 2021

星期五

农历辛丑年·九月初十

 观察之我见

梅花鹿与黇鹿雄性头上的角可是它们的武器，九十月份的发情期中，它们的脾气也都不怎么好，好像什么都能挑动它们战斗的热情。不仅公鹿之间磨角霍霍，顶来顶去，激战得热火朝天，甚至保育员进去也都得防着它们冷不防冲过来搞突袭。原来在发情期间，鹿群需要角逐出最强壮的公鹿，把强壮的基因延续下去。不过保育员为了保障安全还是选择在这一时间给梅花鹿与黇鹿麻醉去角，尽管它们头上的角待到春天来临前也会自然脱落。

Saturday, October 16, 2021

星期六

农历辛丑年·九月十一

观察之我见

金秋十月是杭州最美的季节，桂花飘香，在这片绿树碧水的自然环境中，鸳鸯陆续从北方飞来。在杭州动物园的游禽湖中，每年秋末初冬都会有百余只鸳鸯在这里越冬。这里有相对安全与安静的环境，更有充足的食物供应。清晨，鸳鸯队伍最为壮观，在湖面上，在岛上，开阔的岸边、树枝上，放眼望去都是它们漂亮的身影。在岸边，它们集成群，自由自在地梳理着羽毛，或因为一点小矛盾就互相追逐；在水中，或是成双成对地休息，或是欢快地戏水；在树上，静静地伏卧，享受着温暖的阳光。

Sunday, October 17, 2021

星期日

农历辛丑年·九月十二

 观察之我见

来看鸳鸯时,最先映入眼帘的一定是雄性,因为它们的羽毛颜色艳丽,雌性鸳鸯的羽毛色泽较暗淡,与周围树干、土壤的背景很好地融合在一起。这种差别主要是由于雌性承担着孵育后代的任务,为了更好地隐蔽起来,不被发现。这是种很好的保护色,而雄性则是以自己亮丽帅气的外貌来征服雌性,将自身的基因传递下去。

晚上鸳鸯在树上过夜可避免很多来自地面的天敌,如鼬科动物,小型猫科动物以及狐狸等的捕食。鸳鸯生活史中最重要的事件——产卵和孵化的过程也是在林间高大树木的树洞里完成的。

"鸳鸯戏水"更是名副其实,鸳鸯特别喜欢水,它们在水中可以欢快地游走,开心时会将头伸入水中,伸展羽翼洗浴一番,繁殖过程中交配行为也是在水中完成的。

Monday, October 18, 2021

星期一

农历辛丑年·九月十三

观察之我见

陈则月

给人做体检非常的常见，那么给动物做体检是不是很不寻常呢？我们知道给宠物做检查的时候，也都需要主人给动物做一下保定，兽医才能进行检查和治疗。想要对黑猩猩们的身体健康了如指掌，定期的检查也是必不可少，这里就要说说保育员们用的法宝——正强化行为训练。所谓正强化行为训练就是在动物个体行为发生后，给予想要的事物（刺激），从而增加了该行为重复发生的概率。当然在这之前需要保育员和动物有一个良好的信任基础，而行为训练也是一个长期持续的过程。在日常训练中，首先检查四肢、口腔、测测体温，然后是检查耳朵和眼睛；接下来测个心率。这些训练能帮助保育员和兽医了解黑猩猩的健康状况。对于怀孕的黑猩猩，保育员和兽医们还需要给它们做孕期检查，测下胎心、做下B超看看胎儿的情况。如果你家里有宠物，也可以尝试用正强化训练的方法进行简单的训练哦。

Tuesday, October 19, 2021

星期二

农历辛丑年·九月十四

观察之我见

这段时间如果你看到黑猩猩屁股红红的肿起来,像是长了一颗大肉瘤,你可不要奇怪哦。这并不是黑猩猩生病了,而是一种正常的生理现象。只有雌性黑猩猩会出现这一现象,表明它们现在正处于发情期。通过观察黑猩猩屁股的变化,保育员可以很方便地知道哪些母猩猩发情了,应该给它们机会和公猩猩一起玩耍了。黑猩猩一年四季都可以发情,但以春秋两季更为旺盛。

Wednesday, October 20, 2021

星期三

农历辛丑年·九月十五

观察之我见

陈楚瑞

　　十月算是杭州最适宜游玩的季节,入秋后一天比一天凉,可对于羊驼来说,似乎越冷越高兴越舒适。它们身上的长毛是极为耐寒的,可也造成了怕热的习性。我们要在春夏之交对羊驼进行剪毛处理,气温达到30℃以上时,还要对场馆进行喷淋降温。它们也很爱干净,排泄会有固定的地点,加上温顺的性格、软萌的造型,难怪受到那么多人的喜爱,成为动物界网红它们可是有资本的哟!

十月
21

Thursday, October 21, 2021

星期四

农历辛丑年 · 九月十六

观察之我见

雨天听雨或闲适惬意,或借景抒情,自古就有不少诗词描绘这一美事。有芭蕉、荷叶,那声响仿佛大珠小珠落玉盘,雨不停歇乐不断,而且反映了听者的心境。

方子言

被用于听雨的植物叶片都较大,仿佛这样才能承载雨声的丰富,而中国梧桐叶片也很大,自古无数诗人借雨传达感情。"梧桐叶上三更雨,叶叶声声是别离""一声梧叶一声秋""萧萧疏雨滴梧桐",梧桐树是唐诗中出现频率较高的意象,仿佛是秋天的代言,雨中的梧桐更仿佛满是诗人的离愁。你不妨走进秋天,去找找身边的中国梧桐,认识这树的特别之处,为何能承载诗人寄托的离愁?中国梧桐与当前行道树的梧桐树有何区别?它们的果子曾被"老杭州"叫做"瓢儿果",还能被炒来吃,实在非常特别,你能找到它们吗?

Friday, October 22, 2021

星期五

农历辛丑年·九月十七

 观察之我见

周许涵

野猪 周许涵 画

　　每年到秋冬时节西湖周边山上的野猪活动频繁，偶尔也有误从山上窜下来到马路上惊扰路人的。可这也不能怪野猪了，估计它也吓得够呛。现在西湖周边山上几乎没有小型猫科动物出没，野猪也就没有了天敌，再加上它们繁殖能力强，使得野猪数量逐渐增多，尤其在天冷时节，山上食物变少的情况下，野猪与我们见面的机会也变多了。野猪的食物很杂，只要能吃的东西都吃，青草、土壤中的蠕虫都是它的取食对象，有时还偷食鸟卵，特别是松鸡、雉鸡的卵和雏鸟。

Saturday, October 23, 2021

星期六
农历辛丑年·九月十八

十月
23
霜降

 观察之我见

今天到了二十四节气中霜降的节气，是秋季最后一个节气，再过十五天就是下一个节气立冬了。霜降这个节气意味着秋天快进入尾声，冬天越来越临近了。此时天气开始慢慢变冷，逐步步入深秋，你感觉到了吗？

古人对于霜降节气物候的观察发现，霜降有三候：一候豺乃祭兽，二候草木黄落，三候蛰虫咸俯。一候豺乃祭兽，豺这类动物从霜降开始要为过冬储备食物；二候草木黄落，大地上树叶开始枯黄凋零；三候蛰虫咸俯，很多昆虫准备蛰伏进入冬眠了。

动物园里还有点绿意盎然，不过细看之下绿色已经开始减少并有了层次变化。无患子树、枫香树等树叶开始变黄、变红了，慢慢飘落。桂花依然在枝头盛放，水边的木芙蓉也相继开放了。动物园里也迎来了秋游的高峰，一队队孩子们在老师的带领下来动物园赏秋景，观动物，很多孩子还带上了写生本，用画笔记录下美丽的一刻。

Sunday, October 24, 2021

星期日

农历辛丑年·九月十九

十月
24

 观察之我见

动物们对于迎接过冬也有了不同的准备，很多动物已经养起了秋膘。猪獾真是名副其实，越发像猪一样圆滚滚了。走路时肚子都快贴着地面，没法看到挪动的四肢了，还不时惬意地打着滚。

"干脆面君"和小熊猫你可以区分它们了吗？在这个季节你应该不会把它们搞混了。它们的毛色都越发鲜亮与厚实了，小熊猫棕红的毛色越发显得厚重，而"干脆面君"浣熊的毛色则是灰色的，你发现了吗？它们也都越来越圆滚滚了。

东北虎"大虎"在属于它的山林里纵横跳跃，秋冬季节工作人员也会根据实际情况给它们调整食物，会给它们增加肉类，让它们养好秋膘应对寒冬。

而昼伏夜出的蜜熊君依旧在大白天呼呼大睡，仿佛这美好的秋天都与它没关系一样。

这个晴好的周末，不妨走进动物园，感受这层林尽染、百兽准备过冬的景象吧！

Monday, October 25, 2021

星期一
农历辛丑年·九月二十

 观察之我见

银鸥在西湖过冬已经有些年头了,西湖已成为它们的"第二故乡"。

　　每年的4月到8月它们在新疆、蒙古等地完成繁殖育雏之后,便在秋冬季节飞到沿海或长江以南地区过冬,一般会在10月下旬到11月中旬到达西湖,大概有几十只,最多时可达两百多只。到了第二年的3月中下旬,它们陆续离开杭州西湖飞回北方。冬候鸟对气候十分敏感,它们生活在中国华北、东北甚至更北部的蒙古、西伯利亚地区,当北方的寒冬来临时,它们又会成群结队的飞向南方的华东沿海,杭州正好在这条迁徙路线偏西一点,每年都会有许多冬候鸟路过或在西湖越冬。

Tuesday, October 26, 2021

星期二

农历辛丑年·九月廿一

 观察之我见

这个时节中午艳阳高照仍觉炎热,可早晚温差已经很大了。在外场的扬子鳄要准备过冬了。扬子鳄可是中国特有的一种鳄鱼,因其生活在长江流域,故称"扬子鳄",是世界上最小的鳄鱼品种之一。在它们身上,还可以找到早先恐龙类爬行动物的许多特征,所以被称为"活化石"。扬子鳄生活在湖泊、沼泽的滩地或丘陵山涧等潮湿地带,具有高超的挖穴打洞的本领。它常紧闭双眼,爬伏不动,处于半睡眠状态,给人们以行动迟钝的假象。可是,当它一旦遇到敌害或发现食物时,就会立即将粗大的尾巴用力左右甩动,迅速沉入水底躲避敌害或追捕猎物。

十月
27

Wednesday, October 27, 2021

星期三

农历辛丑年·九月廿二

观察之我见

所有的熊都很聪明，它们善于探索又有很强的学习能力。因此它们的家要求有丰富的环境变化，特别是要求地面铺垫物的丰富多变，只有这样这些大家伙们才能住得开心，玩得愉快。熊的家里有很多不同的垫料池，它们是一个个圈起来的小池子。有的池子里面堆满了泥巴，有的里面则堆积了好多木屑、稻草，还有的里面是满满的水。不同的垫料池满足了熊不同的需求，既提供了舒适的栖息环境，又可以成为它们藏匿食物的场所。大熊们灵活地在水池中洗澡冲凉，在木屑堆中找寻饲养员藏匿的好吃的，在泥巴地里翻滚玩耍，充分释放天性。展示出更多的自然行为。现在秋天的落叶池是它们的最爱！

徐伊可

Thursday, October 28, 2021

星期四

农历辛丑年·九月廿三

 观察之我见

给动物治病,首先要判断动物是否生病,生了什么病。动物不像人会说话,可以告诉医生哪里痛、哪里不舒服等。动物园的兽医判断动物是否生病主要靠"望""闻""问""切"中的"望"和"问"。"望"即视诊,兽医通过直接观察动物,按照头、颈、胸、腹、脊柱、四肢、生殖器、肛门的顺序观察动物的精神及体态、姿势与运动、行为,观察皮毛等表皮组织的情况,营养、发育状态等。"问"即问诊,通过询问的方式向保育员了解动物的饲养管理情况,包括动物的进食情况、大小便情况、活动情况以及发病动物的病程发展变化情况。在动物园里保育员上班第一件事也是观察动物的精神状况、粪便等,如有特殊情况需要第一时间联系兽医。

Friday, October 29, 2021

星期五

农历辛丑年 · 九月廿四

 观察之我见

金刚鹦鹉尽管属于热带鸟类，但它们的适应能力非常强。一到寒冷季节，保育员会开启室内通往外场的通道，以便于它们可以自由进出。而内室会开启暖灯保持温度。即使是这样，大部分金刚鹦鹉还是会选择外出，在萧瑟的冷风中它们的行为虽不似往常丰富，但也成为冬日里的艳丽风景。秋季时饲养员会在它们的饲料中增加核桃等油脂含量高的食物，这也是增进它们御寒能力的方式！你可以来动物园一睹金刚鹦鹉用大嘴咬开核桃的神奇本领！

Saturday, October 30, 2021

星期六

农历辛丑年·九月廿五

观察之我见

　　谁最了解动物的需求，非保育员莫属。他们与动物们朝夕相伴，是动物的贴心朋友。积雪太厚会压坏笼舍；融冻形成的冰容易砸伤或者划伤动物，要及时清理；落叶铺在笼顶会遮挡阳光，动物就晒不到太阳；天气热了，要给动物降温；地面硬了、脏了，要更换垫料，保护动物蹄脚……保育员们时刻会为动物们考虑在先，行动在前。

Sunday, October 31, 2021

星期日

农历辛丑年·九月廿六

十月
31

 观察之我见

丰容穿插在保育员每天的日常工作中。大的丰容工作，如搭建爬架、环境改造等工程量较大，进行的频率略低。而改变食物种类、位置、藏匿方式，提供玩具等简单的丰容工作，进行的频率较高。保育员持之以恒的坚持丰容工作，很好地丰富了野生动物的生活情趣，提高了动物福利。你能在动物园里观察到生动的动物行为也有保育员的一份功劳，如果你也想参与的话，也可以来丰容工作室献计献策！

叶一澍

十一月

1

Monday, November 1, 2021

星期一

农历辛丑年·九月廿七

 观察之我见

李思诺

　　行为训练也是保育员每日开展的重要工作,能体现保育员和动物之间建立的深厚的信任。通过专业的训练方式使动物尽量配合,能最大限度地降低圈养动物因为饲养管理和医疗等行为带来的伤害,同时还能加强圈养动物行为的多样性,让动物在一个更加宽松舒适的环境中生活。比如兽医给怀孕的黑猩猩做孕检不需要麻醉就能让它乖乖配合了,是不是很神奇呢?

十一月

2

Tuesday, November 2, 2021

星期二

农历辛丑年·九月廿八

 观察之我见

教育是为了更好地保护。动物保护工作不能"隐在深巷无人知",只有更多人知道、关注、参与到动物保护工作中,野生动物的未来才会更加光明。保育员们在工作中,也肩负着宣传动物保护理念的责任。他们通过科普讲解向游客传递动物保护知识。通过保育员的解说,游客将会更加了解每种动物的特点,知道它们爱吃什么,什么时候活动,哪个季节更活泼、更漂亮,什么时候生宝宝……来动物园游玩,你也可以来体验保育员讲解哦!

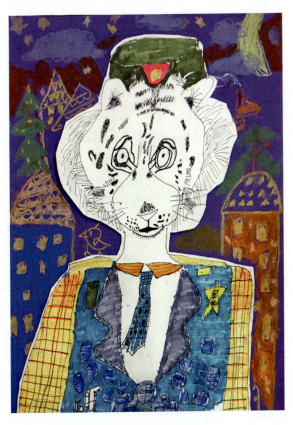

李星岑

十一月 3

Wednesday, November 3, 2021

星期三
农历辛丑年・九月廿九

 观察之我见

黄星景

　　圆滚滚的球不仅可以踢来踢去，还可以作为器皿给猴儿们盛装食物，仔细观察悬挂的五彩球，你会发现有不少小洞洞，这些小洞洞可是大有用途的，保育员们在球里塞了不少猴子喜欢的花生瓜子，聪明的猴子就可以通过这些洞洞取食，给日常生活增添不少乐趣。

十一月

4

Thursday, November 4, 2021

星期四

农历辛丑年·九月三十

 观察之我见

这一时节需要给金钱豹等猫科动物增加饲料了,在原有牛肉、鸡肉量的基础上增加分量,以保障它们在入秋之后储藏"秋膘"御寒。而在原有入夏之后给予大型猫科动物"绝食"的时间在此时也缩短了。"绝食"是指有一两天不给动物喂食,使它们能有类似于野外不常饱腹的饥饿感,也能保持动物的活力。如果你仔细观察的话会发觉秋后的金钱豹更矫健了,体型明显更饱满了,这可是"秋膘"添加成功的写照!

十一月

5

Friday, November 5, 2021

星期五

农历辛丑年·十月初一

观察之我见

入秋天气转凉,爬行动物陆续要进入冬眠状态了,在北方野外生活的黑熊和棕熊一样也会冬眠,但部分生活在靠近南方的黑熊在冬天也能获得足够的食物,一般不冬眠。当然,动物园里的黑熊和棕熊都有充足的食物,它们厚实的皮毛也不惧杭州的冬天,所以它们也不冬眠。

在野外,黑熊和棕熊会选择冬眠以度过食物匮乏又漫长的寒冬。为了应对冬天的消耗,秋天它们会疯狂进食,囤积大量的脂肪。在冬眠时体温、心跳和排毒系统都调到最低能耗运行,以减少热量及钙质的流失,防止失温及骨质疏松。母熊在冬眠时还会完成一件大事——生育小熊。

十一月 6

Saturday, November 6, 2021

星期六

农历辛丑年·十月初二

 观察之我见

郑逸捷

郑逸捷　东南亚虎

　　园内曾有一只东南亚虎"汉森",在它暮年之时,尽管王之威严犹在,可步态已显出老态龙钟,脚趾甲也不会自己磨了。之前曾出现脚趾甲嵌入肉内导致跛行的情况。兽医和保育员共同协作,对脚趾进行了修剪,并进行了一次彻底的身体健康状况检查,发现汉森各器官和生化指标均进入了老年状态。检查后工作人员根据实际情况对汉森进行老年动物保健性治疗和饲养,在条件允许情况下尽量让它每日晒阳光,多在户外活动,加强观察和护理。汉森安然度过了晚年生活。

Sunday, November 7, 2021

星期日

农历辛丑年·十月初三

 观察之我见

今日迎来立冬节气,这也是冬季的第一个节气。"冬,终也,万物收藏也。"(《月令七十二候集解》)立冬之后始进入冬季,意味着这一年即将走过,天地之间慢慢褪尽浮华与烈艳,开始走向安静素朴。立冬,这是万物翕伏的开始,荒寂素净,淡雅温润,静如远古的洪荒,行至乐曲的舒缓慢板。

马宇晴

立冬三候:一候水始冰,二候地始冻,三候雉入大水为蜃。此节气天寒水已可成冰;地面开始冻结;"雉入大水为蜃"意味着此节气后雉鸡一类的大鸟不大能看到,而海边却开始见到外壳与雉鸡羽色相似的大蛤,这样的相关性古人认为立冬之后雉入海中成蛤。杭州的气温在8~16℃,逐渐进入黄叶飘零的深秋时节。20~30天后真正入冬,届时银杏叶落尽,一个时节就此落幕。

十一月

8

Monday, November 8, 2021

星期一

农历辛丑年·十月初四

 观察之我见

冬的意味，更显萧瑟，有时风裹挟着雨使红的、黄的、黄绿相间的叶落了一地。落叶树种叶片都开始变色，飘落，已到了"霜叶红于二月花"的时节。有的桃树、杏树已落光了叶，只剩光秃秃的枝丫兀自向着天空。枫香树褪去黄的、红的叶，刺球果颗颗点缀在树上，仿佛国画中洇开的点点雪花，有股宁静致远的意味。纯洁素白的山茶花，淡黄色的亮叶腊梅，亮黄的大吴风草在风中摇动；红红小灯笼的火棘果子与南天竹的串串红果小巧娇艳惹人怜爱。

朱瑾怡

丹顶鹤一袭白衣在冬日里美成一幅画卷；总是"犹抱琵琶半遮面"趴在展箱上的树蛙已不见踪影，也已跟着它的小伙伴们去土下冬眠了。

立冬适合观察、沉思，回味一下李白的《立冬》，敏感的诗人留下太多感悟的诗篇，"冻笔新诗懒写，寒炉美酒时温。醉看墨花月白，恍凝雪满前村。"这样的日子适合临窗捧一杯热茶，一切都如此静好。

十一月

9

Tuesday, November 9, 2021

星期二

农历辛丑年·十月初五

 观察之我见

来璟媛

  冬季是赏松的好时节。金鱼园的中式园林中挺立着多种松树，与小桥流水交相辉映，更添意味。跨入金鱼园，迎面而来的是一种古韵静谧的气息，小桥流水、亭台楼阁、荷池回廊移步换景，粉墙黛瓦、假山石壁、楼台飞檐错落有致。金鱼园里嬉游着红水泡、墨龙睛、紫鱼红球等四十多个名贵品种，数量达上千条。各种金鱼那绚丽夺目的色彩、雍容华贵的体形、怡然自得的神态与江南园林的亭台楼阁、曲径通幽交相辉映，散发着浓浓中国文化的韵味。

Wednesday, November 10, 2021

星期三

农历辛丑年・十月初六

十一月
10

 观察之我见

秋冬时节豹纹服装曾引领风潮，而动物身上的花纹是它们独有的身份标志。长颈鹿也不例外，长脖子是识别它们身份的关键之一。我们都知道，指纹是人的身份识别密码，而长颈鹿的身份密码就是它们脖子上的花纹。每只长颈鹿脖子上的花纹都各不相同，而且几乎一辈子都不会变。因此人们最早研究野外长颈鹿的时候就是靠花纹来区别它们的。偶尔你能看到两只长颈鹿互相磨蹭脖子，或者甩动脖子用脑袋撞对方。这是长颈鹿之间交流的一种方式，磨蹭脖子表示亲近和友好，而甩脖子对撞则意味着"不服来战"，谁赢了就是老大。

Thursday, November 11, 2021

星期四

农历辛丑年·十月初七

观察之我见

韩煦

韩煦画东南亚虎

今天是11月11日,被形象地称为"光棍节"。动物园里也曾有这么一位光棍,而且可以算是单身汉中的"翘楚"。曾经有美貌的异性青睐于它,可它还是选择了一辈子独身,那就是东南亚虎"汉森"。"汉森"与"索尼娅"一起来到杭州动物园,希望它们能在杭州成家,开枝散叶。可是"汉森"很个性,不喜欢包办婚姻,跟"索尼娅"合笼的时候,便开始打斗,一直合笼不成功,独身了一辈子,也算是符合虎的傲气吧!

Friday, November 12, 2021

星期五

农历辛丑年·十月初八

 观察之我见

细尾獴，举手投足间无不展露出与生俱来的快乐特质。它们生来爱打洞，错综复杂的地下洞穴是它们生存的法宝。它们是群居且社会性极强的动物。每个种群通常由二到五十只细尾獴组成，其内部统治者是雄性首领与雌性首领，其中雄性首领由雌性首领选出。细尾獴是一种社群关系非常严谨合理的物种，每一个个体在群体中都有自己的职责，并且严格完成自己的任务。在整个群体进食的时候，总会有一只并不过来吃食，而是站在离群体一定距离之外的高处，观察四周情况，为整个群体放哨，提防它们的天敌，尤其是来自天上的猛禽。一旦出现危险，"哨兵"就会发出叫声，提醒其他个体，这时候所有成员都会迅速进入洞穴内，躲避危险。

Saturday, November 13, 2021

星期六
农历辛丑年·十月初九

十一月
13

 观察之我见

这段时间你在外场或许不能看到黑猩猩了，天气逐渐转凉，保育员让黑猩猩们都呆在内展厅了。那里有假山树洞，吊床栖架，让黑猩猩有类似林间攀爬跳跃的生活体验。在野外黑猩猩一般由一只成年雄性猩猩率领，它们每天的主要事情就是四处去找吃的，然后带回来和大家一起分享食物。黑猩猩的食量非常大，在动物园里成年猩猩通常一天也要吃十斤以上的食物，包括水果、杂粮、坚果、树叶等，在野外黑猩猩还会去吃昆虫，鸟蛋和其他小动物，所以黑猩猩和人类一样是杂食性动物。中午的时候有的黑猩猩会睡午觉，到了晚上黑猩猩还会像人一样用起小毯子，舒舒服服地睡觉。

Sunday, November 14, 2021

星期日

农历辛丑年·十月初十

 观察之我见

虽然节气上已立冬，但气象意义上的入冬还需时日，不过已可以感受到寒意，也越发觉得阳光的可亲。瞧，当阳光升起时，细尾獴能第一时间感受到暖意，纷纷从地下洞穴中奔跑出来，直立着迎接阳光，暖意的阳光将它们身上的毛发梳理地纤毫毕现，仿佛自带了暖意的光芒，朝向着远方，充满了诗的意境，也极为符合它们"哨兵"的形象。

Monday, November 15, 2021

星期一

农历辛丑年·十月十一

 观察之我见

相貌奇特的山魈,可是体型最大的猴子,有非常长的犬牙,凶猛得很。雄性山魈的头大而长,鼻骨两侧各有一块骨质突起,其上有纵向排列的脊状突起,其间为沟,我们仔细看能看到每侧约有六条主要的沟,这种色彩鲜艳的特殊图案形似鬼怪,山魈名字也由此而来。它们的臀部因为富集了大量血管而呈彩色,在情绪激动时,颜色会更为明显。这一作用是可以吸引雌性山魈,另一个则是让它们在密林中前行时更容易看到其他成员的位置。它们来自非洲大陆,喜欢栖息于稠密的热带多岩石地带。吃相凶猛,属于狼吞虎咽型。

山魈　马宇晴画

马宇晴

十一月
16

Tuesday, November 16, 2021

星期二
农历辛丑年·十月十二

观察之我见

郑嫒元

  长颈鹿这个非洲来的大高个在四季分明的杭州适应的如何呢？寒冷的冬季需要给它们提供些什么让它们安然过冬呢？入冬后昼夜温差变大，夜间气温更低，当长颈鹿高大内室里的温度计显示低于10℃了，这表明地气逐渐变冷了，厚厚的草包被放置在内室中，方便长颈鹿夜间休息使用，尽管在野外它们基本都站着睡觉，可在动物园内安全的环境中，它们也会安心躺下来睡，这时候厚厚的草包可就是温暖的窝啦！如果气温继续下降，就需要把内室通往外场的门关起来，一来不让长颈鹿晚上外出，以防受寒，二来室内的热气可以聚拢保存着。到严寒时节，油汀逐渐启用，数量最多的时候能用到十二个之多，足以保障内室的温度，让长颈鹿在寒冷的冬季也能感受春天般的温暖！

Wednesday, November 17, 2021

星期三

农历辛丑年·十月十三

 观察之我见

田佳懿

冬春时节是网纹蟒的繁殖季节,动物园早早给网纹蟒做好了保温工作,保持温度在25℃以上,让它们安全过冬。在一个笼舍内,两条雄性网纹蟒缠绕在一起,撕扯打斗,相互都有伤痕。原来是进入繁殖期后雄性间为争夺配偶产生的打斗,保育员及时将它们引开并分笼安置,才平息了这场战争。别看网纹蟒是无毒蛇,可它硕大的体型、凶猛的力量还是让人震撼!

Thursday, November 18, 2021

星期四
农历辛丑年·十月十四

十一月
18

 观察之我见

正是"无边落木萧萧下"的时节,秋风卷起落叶,满地的落叶收集起来可以用作动物的垫料,动物们可以在落叶中躲藏、打滚,搜寻果子,极大丰富了动物的自然行为。甚至修剪下来的枯枝、枯树等也会放置于动物笼舍内,动物们可以攀爬、磨角,甚至啃咬、蹭痒,不仅美化环境也能发挥极大作用。这也是一种丰容方式哦!

俞仁泽

Friday, November 19, 2021

星期五

农历辛丑年·十月十五

十一月
19

 观察之我见

沈歆然

沈歆然画 金丝猴宝宝

寒潮不断来袭，厚厚的垫料、地热、油汀等保暖设施纷纷启用，黑猩猩、长臂猴、环尾狐猴、黑叶猴、松鼠猴等开启了保暖模式，唯独金丝猴并不怕冷。它们是大熊猫的邻居，也有跟大熊猫一样怕热不怕冷的习性，你可不要以为那是它们胖才不怕冷，它们的肚子圆鼓鼓，这与它吃的食物有关。在展区的一侧有一间灵长类饲料工坊，展示着它们的食物，苹果、香蕉、橘子、梨、葡萄、番茄、玉米、菜叶，还有窝头、坚果、面包虫等补充蛋白质，吃的种类比我们人类还要丰富，其实川金丝猴的主食是新鲜的树叶，树叶能量低，需要大量的进食才能提供所需的能量，消化道里还产生了分解植物的微生物与酶，在其消化过程中会产生气体，所以金丝猴的肚子就显得圆鼓鼓了。

Saturday, November 20, 2021

星期六

农历辛丑年·十月十六

观察之我见

吴悠

  在寒冷的季节要在外活动场中找到耳郭狐可是太难了，就算是夏天没有好眼力也找不到它们。耳郭狐是隐藏自己的高手，也是世界上体型最小的犬科动物之一。生性胆小谨慎，它的一双大耳在长期的自然进化中逐步形成，通过耳朵可以散热，以适应沙漠干燥酷热的气候。它们听觉十分灵敏，一旦有天敌靠近就可以立即逃跑躲藏。而在冬天它们就选择在内室的保温灯下十几头聚在一起抱团取暖过冬了。

十一月
21

Sunday, November 21, 2021

星期日

农历辛丑年·十月十七

 观察之我见

每年在杭州动物园两爬馆会诞生数十个新生命,缅甸蟒就是其中一个重要的成员。现在又到了缅甸蟒的繁殖季节,工作人员已将两对年轻体壮的缅甸蟒放入它们各自的爱巢。入秋以后,天气一天天变凉,适当的低温刺激,可以促进雌性卵泡的发育,增强雄性精子的活力,诱发蛇之间的交配行为。

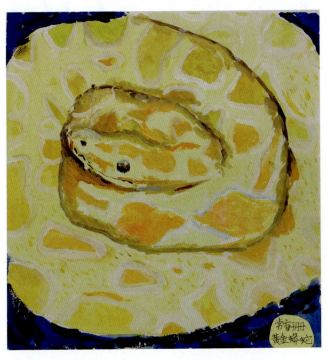

蟒蛇的繁殖行为,最终由生物钟控制,选择在秋冬季节繁殖其实大有文章。交配和繁殖需要消耗大量的营养和能量,尤其是母蛇,产蛋后体重会明显下降。夏季,气候湿热,食物丰富,蟒蛇可以迅速地生长,储存足够的能量为繁殖做准备。而蛇类性成熟后,只有达到一定的体重才可能繁殖。

十一月
22

小雪

Monday, November 22, 2021

星期一

农历辛丑年 · 十月十八

 观察之我见

小雪已是冬天的第二个节气,杭州尚是一派深秋气象,那一树树的银杏叶全黄了,无患子树叶也变黄了,明晃晃的靓丽为秋天带来了明媚的色彩;枫香叶、槭树叶都红了,不禁让人吟起"数树深红出浅黄"的诗句来。

风卷起树叶纷纷而下,仿佛是配合着诗词的节奏而来,难怪无数诗人为秋之美景写下无数的诗篇。中国梧桐叶已快落尽,而黄山栾树和苦楝树叶已落尽,剩下些果实挂在枝头在碧蓝天空的衬托下越发显得可爱了。玉兰树叶已黄至焦枯纷扬而下,枝头剩下小花苞像笔尖般挺立,似乎开始透露春的生机。这个时节是观鸟的好时节,树枝因叶落而越发显得疏疏朗朗了,望远镜的视野里,像是打开了的颜色铺子,或有鸟、或有秋叶、或有秋果,那近在眼前的绚丽能让人在深秋里沉醉,只需静观皆有所得。

李若菡

Tuesday, November 23, 2021

星期二

农历辛丑年·十月十九

 观察之我见

园里的松鼠们早已忙开了,找来秋果各种藏;秋膘在身的黑熊在午后的秋风里沉沉睡去,任凭落叶纷纷而下给它盖上被子,晒着暖阳也是种惬意,这也应了古人在小雪节气里"负暄"(晒太阳)的意趣。白居易有诗《负冬日》:"杲杲冬日出,照我屋南隅。负暄闭目坐,和气生肌肤。初似饮醇醪,又如蛰者苏。外融百骸畅,中适一念无。旷然忘所在,心与虚空俱。"不禁让人感慨原来冬日里晒晒太阳居然也能有此疗效。

部分动物已经开始享受保暖措施了,其中就有个子最高的长颈鹿,在月初增加垫料的基础上,这几天开启了油汀夜间保温了,白天长颈鹿"喜喜"和"天天"还是喜欢在户外多活动一会儿。

Wednesday, November 24, 2021

星期三

农历辛丑年·十月二十

 观察之我见

水獭夫妇"塔塔"和"美美"依然日日同进同出,秀着恩爱。不同的是夫妻两个不时地在灌木丛中归拢并取来落叶,用两个前爪捧着运送到自己选择的巢穴里,不知是不是在为迎接新的家庭成员做准备。

动物园里还到了一批远道而来的客人,陆续来到游禽湖与鸳鸯池。没错,它们就是野生鸳鸯了,途经动物园看到有同伴就一起下来觅食,被园内的景致与食物所吸引,不少鸳鸯就选择留下来在动物园里过冬,来年春天再走。

Thursday, November 25, 2021

星期四

农历辛丑年·十月廿一

 观察之我见

　　细尾獴,原本生活在炎热的非洲沙漠,耐热畏寒,到了这个时节可怎么过冬呢?它们的小屋子里亮着黄橙橙的灯,显得格外温馨。这种灯能辐射出大量的热量,不仅能给细尾獴带来温暖,还能使屋内保持干燥。在动物园里的许多地方都能看到这种灯。两栖爬行馆里的蜥蜴们也靠它们来保暖。

Friday, November 26, 2021

星期五

农历辛丑年·十月廿二

 观察之我见

冬季对小动物用加热灯是很好的方法,但是灯辐射的范围有限,像黑猩猩这种需要很大活动空间的动物就不适用了。不过别担心,猩猩馆有自己的"秘密武器"——地热设施。在猩猩馆的内展厅里还能看到很多木丝,常常有黑猩猩们拿着木丝玩耍。其实这木丝并不单单是给猩猩玩的。猩猩们会用木丝铺床,睡觉的时候也有保暖作用。有这些秘密武器,就算没有秋裤,我们的好妈妈黑猩猩"明明"也能带着宝宝放心地玩耍啦!

十一月
27

Saturday, November 27, 2021

星期六

农历辛丑年·十月廿三

 观察之我见

寒冬将至，我们可爱的大猫如何过冬呢？动物园对于年轻力壮的大猫并没有特殊的保温措施，因为它们自给自足，不用我们操心啦！在初秋时，它们的胃口就会变得更好，食量也会相应增加，与此同时活动量变少，它们开始养秋膘啦，厚厚的脂肪层足以保证它们安稳过冬；另一方面，初秋时大猫们也开始换毛了，到了冬天它们已经拥有厚厚的皮毛可以御寒。

黄世轩画 金钱豹

十一月
28

Sunday, November 28, 2021

星期日
农历辛丑年·十月廿四

观察之我见

黑水鸡在西湖是留鸟,可以说是西湖"土著",一年四季均可见到。随着西湖生态环境的日益改善,黑水鸡在西湖水域的活动范围越来越大。这不,连之前很少涉足的北里湖水域也能时常见到它们活动的踪迹。秋冬时节的西湖已让人感到丝丝凉意,往日人山人海的游客亦少了许多,而此时在湖边的草丛中黑水鸡却忙个不停,因为它们要为度过寒冷的冬天觅食,吃得饱饱的,多储备点脂肪。

十一月
29

Monday, November 29, 2021

星期一

农历辛丑年·十月廿五

 观察之我见

孙瑜晨

寒冷的冬季,没有衣服穿没有棉被盖的猴子是怎样御寒的呢?保育员们给它们准备了"暖冬被"。"暖冬被"用刨花填充,包裹麻袋被面,一床暖和实用的被子就有了。阳光下,猴儿们可以一边躺在被子上,一边撕扯里面的刨花,铺满宿舍,温暖过冬。

十一月
30

Tuesday, November 30, 2021

星期二

农历辛丑年 · 十月廿六

观察之我见

迟奕文画 猕猴

迟奕文

尽管冬日树叶落尽,万物呈现一派萧条的样子,可这一切却越发显出阳光的温暖和煦。生活在猴山的猕猴也爱极了在这一时节里晒太阳,相互理毛,边理似乎还有东西塞到嘴里,除了清除皮屑、虫卵外,猕猴相互理毛更重要的是双方社交示好的一种手段,可以缓解社群冲突,这在很多灵长类动物中都十分常见。如果你仔细观察猕猴吃食物,你会发现它们的腮部下方十分膨出,这是颊囊,可以用来储藏食物。猕猴是喜欢群居的,瞧,它们三两成群,或是在假山洞中休息,或是在互相追赶玩耍,活泼可爱。

十二月

1

Wednesday, December 1, 2021

星期三

农历辛丑年·十月廿七

 观察之我见

当银杏树褪去一树的黄叶时,杭州已正式入冬了。寒风毫无遮挡地在树枝间穿梭,更是增添了清冷的感觉。大熊猫倒是喜欢这越发寒冷的季节,它们可以不必像夏日那样终日躲在空调房间内,终于可以在户外花园里满地撒欢儿了。你或许会以为因为它们胖胖的,皮下脂肪厚所以不怕冷,其实它们厚厚的皮毛也是抵御严寒的武器哦!

郝一舟

十二月
2

Thursday, December 2, 2021

星期四
农历辛丑年·十月廿八

 观察之我见

严瑾颐

如果你仔细观察的话，大熊猫前掌就像我们人类的手一样，能够非常灵活地从地上"捡"起竹叶、竹笋"握"在手里。对于我们人类看似很简单的动作，其实在动物世界里并不多见，具有这种"对握"本领的动物除了考拉、北美负鼠（脚趾）和大部分灵长类，也就属吃竹子的大、小熊猫了。大熊猫能够握住东西，是因为大熊猫前掌除了五趾之外，还有第六趾，是由腕骨特化而来，这样它们可以像人类一样握住竹子、竹叶、竹节和其他食物，而后掌则没有第六趾。

十二月

3

Friday, December 3, 2021

星期五

农历辛丑年·十月廿九

 观察之我见

天气忽冷忽热，人对疾病的抵抗能力容易下降，稍不注意就容易生病，动物们可也是感同身受呀。动物园的兽医和保育员们坐不住了，动物生病重在预防，为了提高动物们的免疫力，预防疾病发生，保育员们与兽医开始了动物园免疫接种和体检大行动。为野生动物打针并不是一件容易的事情，特别是在面对跑得比你快，身材比你苗条，能上天、能入水的野生动物的时候，该怎么做到呢？这次首先安排对禽类做了体检，分工有序，围合抓捕，对鸟类环志标识同步进行检查，体重测量，膘情与毛色评估，抽血并注射免疫疫苗，一气呵成！

十二月

4

Saturday, December 4, 2021

星期六

农历辛丑年·冬月初一

观察之我见

斑马生性多疑，易激动跑跳，是动物圈里众所周知的"神经质"。可是杭州动物园的一头叫"六一"的斑马却异常"听话"。原来保育员对它每日训练，训练初期保育员每天就站在它们旁边，时而试探靠近，时而伸手喂食，等"六一"渐渐熟悉了保育员在身边的感觉之后，保育员就开始引入目标棒了，目标棒类似于指挥棒，要让斑马听命于你，跟着目标棒"指哪打哪"，也不是一件简单的事，我们从捕捉"六一"好奇试探、触碰目标棒的动作开始，配合哨声、食物刺激，到中途适应之后增加难度，经历了大约两个月左右的时间，不断强化稳定。"六一"天资聪明，目前它已学会了触碰目标棒并延时固定和跟随目标棒行走两大动作。之后保育员们将更近一步探索并尝试新动作，与"六一"建立更亲近、更牢固的关系。保育员训练斑马可不是为了骑噢，主要是为了减少转移场地时对斑马造成的应激，进展顺利的话还可以在不保定、不麻醉的状态下为斑马进行医疗检查与处理。

十二月

5

Sunday, December 5, 2021

星期日

农历辛丑年·冬月初二

 观察之我见

大型猫科动物（以下简称"大猫"）主要有狮、虎、豹、美洲豹等。

汪子晴

大猫动作轻盈，走路悄无声息，善于伏击。园内有一只金钱豹"安安"，每次都会像幽灵一样躲在门后，然后突然搞出大动作，每次都能把保育员吓一跳；还有"腹黑的"美洲豹"嘟嘟"，说它腹黑呢是因为别看他长得好像很憨厚，有时候你会被它呆萌的外表所欺骗，趁你不注意，它就露出狠毒的眼神，仿佛在说："我要是出去，你就惨了，哼哼哼！"看到那眼神，让人背后都冒冷汗。

十二月
6

Monday, December 6, 2021

星期一

农历辛丑年·冬月初三

 观察之我见

经典的豹纹受无数时尚达人的追捧,加之金钱豹苗条的身材,紧实的肌肉,金钱豹的美丽可谓是大猫中的代表,金钱豹"安安"是杭州动物园的颜值担当。这么说,虎也不甘示弱,它说我的条纹难道不美吗?谁有我的王者之气?其实豹的花纹和老虎的条纹都是独一无二的,就像人的指纹一样,利用这个特点可以区分每一个个体。

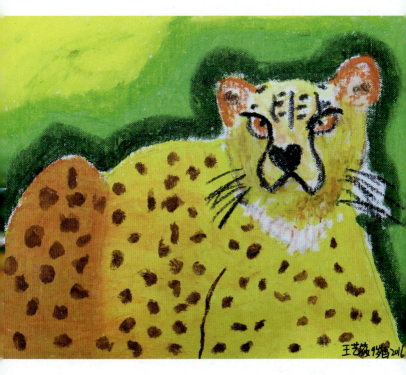

Tuesday, December 7, 2021

星期二

农历辛丑年 · 冬月初四

 观察之我见

骆汐

今日大雪,《月令七十二候集解》:"大雪,十一月节。大者,盛也,至此而雪盛也。"意味着天气更冷,降雪的可能性比小雪时节更大了。这也是冬天的第三个节气。

古人对大雪的物候观察基础上总结有三候:一候鹖鴠不鸣,二候虎始交,三候荔挺出。意即因天气寒冷,寒号鸟不再鸣叫了;此时阴气最盛,盛极而衰,阳气有所萌动,虎开始有求偶行为;"荔"即马兰花,据说也感受到阳气的萌动而抽出新芽。

Wednesday, December 8, 2021

星期三

农历辛丑年 · 冬月初五

 观察之我见

寒冬时节，换上冬毛之后越发显得圆滚滚的小萌物，时而藏于树洞，时而整个身子抱团蜷缩于假山上，看起来像一团毛球，时而又学习小龙女展示它极好的平衡力，仰头睡在钢丝绳上。如果大家还没猜到它是谁，那说起它们大名鼎鼎的外号——"干脆面君"大家肯定就知道了，对了，它们就是浣熊。"浣"字就是洗的意思，这里隐藏着浣熊的一种生活习性。

大多数浣熊都要把食物洗洗再吃，它浣洗食物时并不低头看着而是抬头四周环视，这似乎是浣熊生存的防御本能，即使是从水中捕捉到的猎物，浣熊仍会放回水中清洗一番。看来浣熊并不是嫌弃食物脏，只是喜欢食物在水中泡一泡的感觉。不过浣熊只有在附近有水且进食时间不紧张的时候才去洗，没有水或者有其他个体争抢食物时它也不洗就吃掉。

小浣熊 章芃语

Thursday, December 9, 2021

星期四

农历辛丑年·冬月初六

十二月
9

 观察之我见

杭州落叶树种很多，到这时叶已基本落尽，剩下光秃秃的枝丫伸向灰暗的天空。鸡爪槭、三角槭叶子凋落大半，颜色也不再那么艳丽了，还有部分无患子树的亮黄叶子成为冬天里灰暗色调的唯一点缀。半个月前小雪时节的秋叶色彩纷呈如画已悄悄换了模样，多了些枯焦暗沉。树叶在寒风中仿佛瑟瑟发抖般，不时有落叶纷纷而下，没有雪纷纷也有落叶纷纷，虎、豹、缅甸蟒都开始求偶交配。

孙瑜晨

动物园里保温设施全部开始启用了。黑猩猩一家围坐一团似乎抱团取暖的模样；赤狐、北方貉的毛色到了最蓬松美丽的时候；大猫们都懒懒地打着盹，似乎冬日里闭目养神；小熊猫则把头埋在蓬松的大尾巴里睡觉，一身惬意！

十二月
10

Friday, December 10, 2021

星期五

农历辛丑年・冬月初七

 观察之我见

寒风阵阵，鸡爪槭、法国梧桐、枫香、银杏等树叶纷纷显出或火红或金黄的颜色，一阵秋风吹过，纷纷扬扬的树叶铺满地面，美不胜收。动物们也因这纷纷扬扬的落叶而更有活力，工作人员把园内收集起来的落叶放进了不同的动物馆舍，废弃的树叶不仅成了动物们摸爬滚打玩耍的垫料，还能将食物和玩具藏在树叶堆里，激发起动物们探索玩耍的欲望，自然行为一一呈现。趁此时机，你可以来看看活泼的灵长类动物如何在树叶堆里尽情玩耍！

十二月
11

Saturday, December 11, 2021

星期六

农历辛丑年·冬月初八

 观察之我见

　　小熊猫的伙食很丰富，一早就由动物厨房配给送来，但如果任由小熊猫们自由取食，一会儿工夫它们就会瓜分干净然后各自找个暖和的地方睡觉，很少再有别的诱惑能引起它们的兴致。这种情况对动物的健康是非常不利的，保育员可不会坐视这种情况发生。主食窝头，最先要散落放置在各个小熊猫们能够接触的地方，让它们自由寻找，扩大活动的范围。等到主食被"发掘"的差不多，饲养员才会端上它们最爱吃的瓜果蔬菜，尽量切成小块，一边手喂一边陪它们"玩耍"。聪明的小熊猫会踢球，一边踢，一边奖励它一点苹果，它一定踢的更卖力；有的小熊猫能直立行走，也会得到奖励；还有的小熊猫眼见"奖品"不多，也会卖力地围着饲养员"讨好"。这样边玩边吃，时间很快就过去了，等到小熊猫们玩累了、吃饱了，保育员还要再给它们加好牛奶，以保证小熊猫全面的营养。

Sunday, December 12, 2021

星期日

农历辛丑年·冬月初九

 观察之我见

相信大家对"虎头虎脑"这个成语并不陌生,这个词源于东北虎。东北虎是所有虎中体型最大的一种,显得非常的健壮,一头三四百斤的大猫,憨态可掬地看着你,有时候还朝你撒娇般在地上打个滚,有时候把腮帮子朝笼子上蹭,做各种讨好你的姿势,着实可人。更有趣的是它们发情的方式:雌性会在地上打滚,并且时不时发出发情特有的叫声,雄性大猫如果对雌性大猫有意思,就会回应叫声,兴奋时也会朝雌性撒尿,真是赤裸裸的表白啊!

张丝媛

十二月
13

Monday, December 13, 2021

星期一

农历辛丑年·冬月初十

 观察之我见

猫科动物的犬齿像一把利剑,可以直接插入猎物脊椎的骨缝中,猫科动物的头部有一个颞窝,在颞窝上附着两块球状的肌肉,用以支持强大的下颚,惊叹造物的神奇,在咬合时拥有巨大的力量,用以杀死猎物。美洲豹咬住猎物的头时,能洞穿猎物的头骨。足以见得它们的凶残。保育员给美洲豹"嘟嘟"丰容用的坚硬的球都被它咬成碎片了!

美洲豹 戴宁远画

Tuesday, December 14, 2021

星期二

农历辛丑年·冬月十一

 观察之我见

今天来认识一只长臂猿,它的名字叫"命大"。它是一只雌性的冠长臂猿,刚出生的它就被母亲遗弃,从高空坠落,腹部受伤,奄奄一息。

保育员日夜值班为它做育幼工作,仔细记录它的吃喝拉撒,并不断锻炼它的上臂力量。悉心照料之后,终于在它八个月的时候"命大"从人工育幼室回到了长臂猿展区。

刘晨欣

在"命大"的成长过程中,动物园一直调整扩大饲养区域,根据它的行为表现增设丰容器具,同时为它与其他长臂猿合群做评估与准备,希望有一天"命大"也能拥有与同伴们一样的生活。

Wednesday, December 15, 2021

星期三

农历辛丑年·冬月十二

 观察之我见

迟奕文

　　猫科动物大多在冬季和初春发情,在野外栖息地严重破碎化的今天,动物园成为让大家了解认识猫科动物这些神秘的食物链顶层生物最后的场所。遗憾的是,它们也正在逐步离我们而去,比如云豹、金猫。由于猫科动物特立独行的独居习性,加上云豹、金猫在交配时的强选择性——如看不对眼常发生家暴,让圈养云豹、金猫的繁殖异常艰难。

十二月
16

Thursday, December 16, 2021

星期四

农历辛丑年·冬月十三

 观察之我见

刘晨欣

可爱的羊驼宝宝满月了,才出生两个小时就能站起来跑,它全身洁白的胎毛,不像爸爸妈妈那样是棕色柔软长卷毛,那萌萌的神情简直可以温暖一切哦!很多人会把羊驼与驼羊搞混了,其实驼羊体型更大,背部更平,属于力量型选手,驼物啊、长途跋涉都是它的专长。可是它们脾气有点暴躁,一不小心惹怒它们,它会啐你一口唾沫,如果不幸,命中你脸的会是一团热气腾腾的绿色"化学武器"。那是没有完全消化的草加上驼羊的胃液,气味绝对让你终生难忘。

十二月
17

Friday, December 17, 2021

星期五

农历辛丑年·冬月十四

 观察之我见

萧瑟冬日里，万物也仿佛沉寂，光秃秃的枝桠只指天空，不时有乌鸦悠长的鸣叫回荡山谷，更显萧条。只是当你走近狮山时，低沉浑厚穿透力极强的叫声能让你感觉到一股震撼的力量，这就是狮子的叫声了，"狮吼功"可见一斑。雄狮会通过咆哮和尿液气味标记领地，那是属于它的地盘。这里生活着一头成年雄狮带领的家族，长长鬃毛的雄狮可真是雄壮威武，这也就不难想象它们的声音是如此有气势了。

可别看如此有气势又被誉为草原之王的狮子，境况也不乐观。过去除寒带、亚寒带外，狮子在所有的生态环境中都有，今天它们的生存环境大大缩小了，除了印度的吉尔意外亚洲其他地方的狮子均已经消失，北非也不再有野生的狮子，目前狮子主要分布在非洲撒哈拉沙漠以南的草原上。

十二月
18

Saturday, December 18, 2021

星期六

农历辛丑年 · 冬月十五

 观察之我见

近期来杭州动物园羚羊馆参观的朋友可能会看到一只没有角的成年旋角羚,它那螺旋形的角到哪里去了呢?别急,慢慢往下看。

这只旋角羚叫"小歪",在年富力强时成为了族群的首领,也风光了一阵子。可当别的雄性旋角羚长大了,也来觊觎"小歪"的头领地位了。"小歪"要时时维护王者的地位,接受挑战。长长的旋角作为打斗时最重要的武器,一次次的承受着力量的冲击。后来"小歪"被赶下了王座,头上的两个角也被打断了。从此,"小歪"威武的形象不在,成了一个失败者,种群里的地位直线下降,谁都可以来欺负一下。不得已,饲养人员只能将它单独饲养,重点保护了。要是有新朋友来动物园看到"小歪"没有角的这副落魄样,可不要取笑它哦,它曾经也是一个王者。

Sunday, December 19, 2021

星期日

农历辛丑年·冬月十六

张丝媛

晴好的冬日,阳光仿佛是跳跃的音符,在金色光芒的召唤下,动物们纷纷出来接受阳光温暖的洗礼,一副暖融融的惬意姿态。这当中晒太阳姿势最为独特的要数环尾狐猴,当太阳升起到一定高度时,环尾狐猴常常聚在一起,摊开四肢,正面朝着太阳,仿佛在拥抱阳光,那么专注,那么安定。这可不是聚众晒太阳仪式,而是环尾狐猴利用太阳的热度来驱除夜晚残留在身体中的寒气。由此在晴好的冬日里总能一眼就看到三五成群晒太阳的它们,人们也因为它们这一特殊的方式而称呼它们为"太阳崇拜者"。

十二月
20

Monday, December 20, 2021

星期一

农历辛丑年·冬月十七

 观察之我见

今天冬至，古代民间有冬至大如年的说法，认为冬至一阳生，冬至这天开始，阴气达到极点之后阳气慢慢回升，为"大吉之日"。此时，太阳到达南回归线，北半球一年中白昼最短。冬至之后，白昼渐长，气温持续下降，一年中最寒冷的时节即将到来。也是古时绘制《九九消寒图》，"一九"的第一天。

黄一诺

古人对冬至物候的观测总结有三候：一候蚯蚓结，二候麋角解，三候水泉动。传说蚯蚓是阴曲阳伸的生物，此时阳气虽已生长，但阴气仍然十分强盛，土中的蚯蚓仍然蜷缩着身体；麋与鹿同科，却阴阳不同，古人认为麋的角朝后生，所以为阴，而冬至一阳生，麋感阴气渐退而解角；由于阳气初生，所以此时山中的泉水可以流动并且温热。

十二月
21
冬至

Tuesday, December 21, 2021

星期二

农历辛丑年 · 冬月十八

 观察之我见

说到"太阳崇拜者"环尾狐猴，需要知道它们来自马达加斯加岛上相对封闭的环境中，是一种较原始的灵长类动物，而且它们仍然保留着母系社会的生存模式。它们的种群数量从几只到二三十只不等，有明确的地位划分。猴王是最强壮的雌性，族群中雌性的地位远高于雄性，甚至连未成年的雌性小猴子的地位也比雄性高。雌性环尾狐猴经常聚集在一起，占据最舒适的位置，互相理毛，而雄性只能在边缘活动。只有在雌性发情交配的时候，雄性才有机会和雌性待在一起。一只雌性环尾狐猴会和许多雄性交配，而雄性为了争夺交配的权利则会相互争斗。除了普通的抓咬外，它们还会使用"化学武器"。当争斗最激烈的时候，它们会用尾巴在胸部和前臂内侧的臭腺处用力摩擦，使臭腺散发出浓烈臭味，用自己的"雄性气息"驱赶对方，展开一场雄兽之间的"臭气战争"。

柯晓彤

十二月
22

Wednesday, December 22, 2021

星期三

农历辛丑年·冬月十九

 观察之我见

杭州有说法是"晴冬至,烂年边",就是说冬至如果天晴,春节期间就可能一直下雨。

冬天是赏松的好时节,那一树苍翠挺立在凛冽寒风中,自有种生命的气度。金鱼馆有着江南园林亭台楼阁,曲径通幽,轩窗换景的古典韵味,这里也有松、竹、梅岁寒三友,在冬天尽可以细细品味。于晴好之日竹影婆娑摇曳,感受到时光的静好。梅的枝条挺立着,细看之下,枝条上的节点膨出,有的已泛出耀眼的红色,只有当最冷峻的寒冷到来时,方能催开那璀璨的生命之花。

十二月
23

Thursday, December 23, 2021

星期四
农历辛丑年·冬月二十

观察之我见

来星宇

　　蜡梅娇嫩的黄蕊零星几点在枝头开放,黄绿相间的叶落了一地,美人茶与茶梅已盛放了。走在林间,不时有落叶飞舞,无患子树叶有的单片落下,有的是一小枝,三对叶片一小柄像飞翔的小船纷然而下;栎树的叶片枯焦,有的树上仍残留不少,像团团厚重的浓抹焦糖色;三角槭几乎只有小翅果挂在枝头,不时旋转着飘落下来,落了一地;紫荆、合欢树也只有褐色的豆荚挂在枝头迎着寒风。高大直挺的水杉叶已全然变成红褐色,羽状叶被寒风梳理得所剩不多,整排整排的水杉齐整整地高耸矗立,在冷峻的寒潮中自有种生命的尊严。

十二月

24

Friday, December 24, 2021

星期五

农历辛丑年·冬月廿一

观察之我见

麋鹿有着"四不像"的外号，是我国的一个特有物种，不过属于出口转内销。它曾经分布在东北到华南的各种湿地，可是在二十世纪初就在中国绝迹了。幸亏英国的十一世贝福德公爵私人搜集了十八头圈养在自家庄园，这个物种才免于灭绝。到了二十世纪八十年代，英国分两批向中国捐赠了三十八头麋鹿，麋鹿这才算是重返故土……

刘辰锐

Saturday, December 25, 2021

星期六

农历辛丑年·冬月廿二

观察之我见

动物园早已为多数怕冷的动物开启保暖设施,内室也增加了垫料和御寒的小窝。白天动物们可以自由选择在是室外享受大自然还是在室内沐浴温暖。或许来到杭州的它们也早已适应了杭州的气候,或许它们天生是属于大自然的,所以你依旧可以看到长颈鹿悠闲漫步;火烈鸟梳羽休憩;细尾獴出来的少了,还是有个别"哨兵"不时站到最高点眺望观察;耳郭狐则躲在内室,团在一起休息,像极了冬日的安静。

十二月
26

Sunday, December 26, 2021

星期日

农历辛丑年・冬月廿三

 观察之我见

龙尚明

腊梅小鸟
龍尚朙畫

　　近几日，在动物园游玩的游客常常能闻到一股淡淡的幽香。原来啊，是园中的腊梅悄悄绽放了。腊梅在百花凋零的隆冬绽蕾，斗寒傲霜，深受文人墨士的喜爱。寻着醉人香气望去，只见细细的枝头挂满了一个个的花骨朵，或含苞待放，或绽放枝头，在阳光的照射下，仿佛一个个金色的小铃铛，十分惹人喜爱。

Monday, December 27, 2021

星期一

农历辛丑年・冬月廿四

十二月
27

观察之我见

当寒冷的北风刮起时,松鼠猴都不见了踪影,因为它们特别怕冷,都躲在巢箱中了。话说它们是怎么度过寒冷的冬天的呢?初级版的保温措施是半封闭的巢箱,其出入口处安装了防风的消防水带或是麻布门帘,栅栏型的底面铺了厚厚的装有刨花的麻袋被,看着挺舒服,在巢箱的侧边还放了个油汀供暖,在笼舍的地面上也铺了层树叶。之后有了升级版的巢箱:迷你的出入口是量身定做的,且只有这儿是敞开的,保暖效果大大提升,在巢箱与巢箱之间都有油汀,这保温效果都不需要什么门帘、棉被了。

董琯

十二月
28

Tuesday, December 28, 2021

星期二

农历辛丑年·冬月廿五

 观察之我见

冰冻严寒的天气对火烈鸟也是个考验,可别看它姓"火",可却是极为怕冷的鸟类,白天阳光下它们还会出来溜达溜达,但仍旧需将长长的脖子盘曲在羽毛中,单腿"金鸡独立"式休息,还忍不住地瑟瑟发抖。内室通往外活动场的两扇门敞开,可让火烈鸟自由选择进出,这一时节其中一扇门也安装了挡风板,而且还加装了保暖灯,方便火烈鸟们在内室抱团取暖。

Wednesday, December 29, 2021

星期三

农历辛丑年・冬月廿六

观察之我见

黄洛研

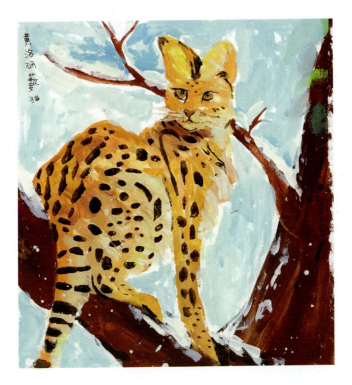

　　动物园引进了一公一母两只薮猫,这意味着原住民"男一号"与新来的"男二号"将为了仅有的"女一号"而展开搏斗,为了让男女主角能够顺利合笼,保育员会做哪些工作呢?合笼前,会先将双方的粪便、垫草等互换,从气味开始相互熟悉,且女主角会暂住在男主角隔壁,隔着网就能看见双方,多增加相互间的好感。同时,保育员需要随时随地观察它们的反应,做好合笼准备。

Thursday, December 30, 2021

星期四

农历辛丑年·冬月廿七

 观察之我见

　　机灵活泼的小爪水獭夫妻2016年来园。这对恩爱的夫妻总是在水中出双入对，形影不离，一起抓泥鳅，一起晒太阳，还会双双衔起落叶藏到洞里去。好多游客看到母水獭肚子有些隆起，总以为它们在营巢了，应该是快有喜了吧！那可就错了，小爪水獭原本就是穴居动物，在落叶的秋冬季节，它们总爱捡些树叶、树枝在洞里装饰起来，它们也并不怕冷，在严寒冬日里依然是游泳健将！

十二月
31

Friday, December 31, 2021

星期五

农历辛丑年·冬月廿八

观察之我见

张岱在《湖心亭看雪》中描写到"雾凇沆砀，天与云与山与水，上下一白。湖上影子，惟长堤一痕、湖心亭一点、与余舟一芥，舟中人两三粒而已。"那种绝美的静谧尤显天地之廓大，成为想象的雪景之中尤其之美。也难怪雪花纷飞之时，午夜的断桥上挤满了去看雪景的人。西湖雪景尤美，不过杭州动物园的雪景也别具一格，而且还有灵动的精灵。杭州动物园位于白鹤峰下，与玉皇山遥遥相望，依山而建，是西湖景区内群山环绕的一处静谧所在，在不同地点能看到远山，雪后的远山有种"窗含西岭千秋雪"的韵味。雪后的一切都披上了白色的外衣，原本苍翠的松柏也是雪白一片，只能从轮廓依稀猜测，水杉却是傲立伟岸特立独行的，在雪后尤显挺拔，让你不免对天地更多了分敬畏。雪后最欢乐的要数大熊猫了，调皮的滚滚在雪地翻滚的任何姿态都能让你感受到那份对于雪的热爱。

朱瑾怡画

编委会

图片	编委	副主编	总主编
杭州景江书画院	马冬卉　郑应婕　顾江萍　王才益　于学伟	江志　蒋国红　胡新波　王福云	应玉萍　霍卫东

杭州动物园简介

杭州动物园成立于1958年，1975年10月迁址虎跑路40号，占地面积20公顷，为公益性事业单位，年游客量达200万，是集野生动物保护、科研、科普、教育和游览休闲于一体的山林式城市动物园。园区植被丰富，山水林湖草环境多样；园区有开放展馆20余个，既有黑麂、金丝猴、亚洲象、东北虎、长臂猿、小熊猫等珍稀本土物种；也有黑猩猩、长颈鹿、非洲狮、赤大袋鼠等珍稀国外物种；漫步园中，还能看到野生的鸳鸯、红嘴蓝鹊、北草蜥、大树蛙等原生动物，动植物资源丰富。